视觉元素在现代纺织品设计中的应用研究

张晓伟　著

中国纺织出版社

内容简介

本书主要围绕视觉元素在现代纺织品设计中的应用进行具体的阐述。内容包括：视觉元素与纺织品设计（视觉元素的分类及其属性，纺织品设计的类型、原则、主要内容、程序，纺织品的性能设计、原料设计、纱线设计、织物设计），色彩在现代纺织品设计中的应用（色彩的分类与属性，色彩的视觉生理规律与视觉心理现象，纺织品色彩的配合，色彩在色织物、室内装饰织物设计中的应用），图案在现代纺织品设计中的应用（纺织品图案的流派、特点、构成法则、表现技法，纺织品织花图案设计，纺织品印花图案设计，室内装饰纺织品图案设计，刺绣、扎染、蜡染图案设计）。本书的适用人群为纺织品设计方向的教师及学生。

图书在版编目（CIP）数据

视觉元素在现代纺织品设计中的应用研究 / 张晓伟著. —北京：中国纺织出版社，2017.3
ISBN 978-7-5180-3504-5

Ⅰ.①视… Ⅱ.①张… Ⅲ.①视觉艺术－应用－纺织品－设计－研究 Ⅳ.①TS105.1

中国版本图书馆 CIP 数据核字(2017)第 075931 号

责任编辑：范雨昕　　　　　　　　　　　责任印制：储志伟

中国纺织出版社出版发行
地址：北京市朝阳区百子湾东里 A407 号楼　　　　邮政编码：100124
销售电话：010-67004422　　传真：010-87155801
http://www.c-textilep.com
E-mail：faxing@e-textilep.com
中国纺织出版社天猫旗舰店
官方微博 http://www.weibo.com/2119887771
北京虎彩文化传播有限公司　　各地新华书店经销
2017 年 7 月第 1 版第 1 次印刷
开本：710×1000　　1/16　　印张：13
字数：218 千字　　定价：52.00 元

前　言

在我国，纺织品设计具有悠久的历史。早在原始社会时期，古人为了适应气候的变化，已懂得就地取材，利用自然资源作为纺织和印染的原料，以及制造简单的纺织工具。直至今天，我们身上穿的衣服、部分生活用品与艺术品，都是纺织品设计的产物。

如今，诸如色彩、图案等视觉元素在纺织品设计中扮演着重要的角色。虽然已经有很多学者在视觉元素在现代纺织品设计中的应用方面有所研究，但这并不意味着再无研究的空间。为了对其进行更加深入的探索，作者撰写了本书。

本书共分六章，第一章主要围绕视觉元素的基本理论进行阐述，包括视觉元素的分类、属性以及动态组合的相关内容；第二章大致介绍现代纺织品设计，包括纺织品设计的类型、原则、内容、程序，以及纺织品的性能设计、织物设计等内容；第三章侧重阐述色彩的原理、视觉生理规律、视觉心理现象，还将对纺织品色彩的形成与配合做出探讨，以使读者能够在纺织品设计中更好地运用色彩；第四章主要围绕色彩在现代色织物设计、室内装饰织物中的应用，进行具体论述；第五章将对纺织品图案的构成与表现技法做出了探讨，包括纺织品图案的发展、构成法则、表现技法等内容；第六章作为全书的最后一章，将侧重讨论图案在现代纺织品设计中的应用，包括纺织品织花、印花图案设计，刺绣、扎染图案设计等内容。

　　从大体上来讲，本书内容翔实，逻辑清晰，与时俱进，理论性较强，力图从基本概念出发，建立基本理论体系，同时结合一些最新的设计实例，以激发读者的阅读兴趣，增强读者对视觉元素在现代纺织品设计中的应用的全面认识和理解，并且达到开阔读者学习思维的目的。

　　本书是在参考大量文献的基础上，结合作者多年的教学与研究经验撰写而成的。在本书的撰写过程中，作者得到了许多专家学者的帮助，在这里表示真诚的感谢。另外，由于作者的水平有限，虽然经过了反复的修改，但是书中仍然不免会有疏漏与不足，恳请广大读者给予批评与指正。

编者

2017 年 2 月

目　　录

第一章　视觉元素的基本理论

在艺术设计中，视觉元素无处不在，它们以各种各样的形式存在，在设计师的捕捉和设计之下，更多美好的事物呈现在我们的生活中。本章将围绕视觉元素，对其基本理论进行详细的分析论述，包括其分类、属性和视觉元素的动态组合。

第一节　视觉元素的分类

所谓视觉元素，就是指那些用于视觉表达的最简单、最基本的视觉化符号，主要包括以下几种类型。

一、点

点，是所有视觉元素中最小的构图单位，在任何图像中都不可能缺少点的存在，即使是我们看到的不是点，而是线或面，它们也是由点构成的。单独的点元素具有单一性和集中性，因此能够产生强大的视觉吸引力；而当多个点相聚在一起时，则会给人一种聚合感。在画面中多次重复运用点，便会形成线或面，千百个点群聚则会形成复杂的图案。用任何绘画工具在平面上进行短时间的接触都会形成点。利用不同粗细、不同形状的笔，或使用不同的力度，均可以在纸上画出不同形状、不同大小的点。

点不仅是线和面的构成元素，而且很多画派的画家都将点作为主要元素，应用点彩的画法，创作出了很多有名的画作。这其中以印象派的点彩方法和中国画技法中的雨点皴最具代表性。说到印象派的点彩画法，其代表画家修拉所作的《大碗岛公园星期日下午》（图 1-1-1）一画便是非常具有代表性的。画家在创作这些画作的时候，都是依照光谱中各种单色光组成万物色彩的原理，用单纯的原色色素的点子互相组合，使画面充满了斑驳陆离的色点，在人的视网膜上则还原为种种复杂的颜色。而在中国画技法中，中国北宋画家范宽十分重视具体景物深入细致的刻画，特别是正面的山体以稠密的小笔，皴出山石巨峰的质与骨。这种皴法形如雨点，聚点成皴，宛如聚沙成山，后人将其称为"雨点皴"或"钉头皴"，稍大一点的被称为"豆瓣皴"。

图 1-1-1　修拉的《大碗岛公园星期日下午》

不止纸上作画，随着现在技术的发展，数字成像也成为一种新型的成像技法，并且被越来越多的人所熟知。而组成数字图像的最基本单元，就是像素，像素又是由众多的像素点组成的。所谓像素点，就是当我们将一幅数字图像放大数倍时所发现的众多方形的颜色块。每个像素点都有各自的颜色值，通过纵横排列组成图像。一般情况下，单位面积内的像素越多，分辨率越高，图像的效果就越好。

上面我们论述了画作中的点元素，其实，即便在自然界中，我们也可以随时随地都看到许多的"点"，如图1-1-2和图1-1-3所示。

图 1-1-2　圣女果

图 1-1-3　仙人掌

二、线

在讨论点元素的时候我们说过，线是由点元素组成的，它是点的延伸，是由点的连续运动而成。如果点的运动轨迹不同，便会形成形状不同的线条，如定向延伸形成直线，变向延伸则形成曲线。

线是速写及绘画常见的表现手法，它作为几何含义本不具有宽度和厚度，但是线在绘画中可以在平面上构成距离、深度等空间错觉；在二维空间中，线可以构成面的边界线，也可以用"白描"的方法来塑造形象；在三维空间中，线可以表现形体的外部轮廓及结构，还可以通过线的叠加和疏密构成来塑造形体的体积。

线条在绘画中的使用是非常普遍的，它虽然是平面的，却可以通过不同线条的组合，刻画出空间感和立体感。而且画家们竟然用线条来表现物的量感、质感、力和运动的客观感等。甚至在 20 世纪，西方的表现主义、抽象主义以及光效应艺术，还从物理学和心理学的角度出发，对线的表现功能和视知觉规律做了更深层次的探讨，发现线的各种不同变化以及由此产生的动力、弹性、重力效果都可以用来表现物象的各种情绪或质感。

另外，线条的不同形式的存在是有着很重要的意义的，它们不仅可以刻画出不同的形象，而且不同形式的线条给人的感觉也是有很大差异的。例如，水平线给人以平静、沉稳、舒展的感觉和向两边延伸力感；垂直线给人以挺拔、刚毅、尊严的感觉，同时具有下垂或上升的力感；斜线给人以奇突、惊险、倾倒的感觉及运动方向的力感；几何曲线给人以自由、活泼、温柔、飘逸、流动与愉快的运动感，等等。

当然，在自然界的很多生物中，我们也能看到线的存在，如图 1-1-4 和图 1-1-5 所示。

图 1-1-4　树叶的纹理

图 1-1-5　蜘蛛网

三、形状和形体

形体与形状是两个密切相关的概念，形体赋予形状以真实性。但是它们也有一定的区别：形状是在一定空间里以简单的连续性线条包围而形成的轮廓，它是指人们通过眼睛所把握到的物体外表形象的基本特征。因此，它是一个二维的、平面的概念；而形体是形状与体积的结合，所以它是三维的、立体的。

形状按照其规律性的不同表现可以分为几何形和随形两大类。与形状相对应，形体按照规律性的不同表现也可以分为几何形体和随形体两大类。接下来我们就分别对形状和形体的两种类型进行具体分析。

（一）形状

1.几何形

人类世界看起来仪态万千，形态各异，似乎很难表现。但实际上，我们可以将它们按照几何形状进行归纳，那么它们的形状无怪乎是一些方形、立方体，圆形、圆柱体、球体，多边形、多棱体、多面体，三角形、锥体、圆锥体，以此类推，等等，具体形状如图 1-1-6 所示。这些几何形在艺术家眼里，就是"基本形"。有趣的是，人类祖先与儿童都使用"基本形"来记录事件和表现自然社会和内心世界。当代的艺术家则通过对现实世界形态的反复提炼和概括，形成了可为艺术表现所用的基本形。这些基本形经过艺术家的巧妙组合，将呈现出一个人为的视觉化世界。

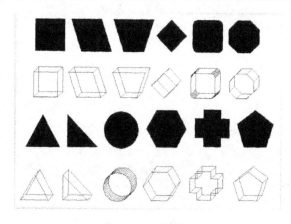

图 1-1-6　几何形

2.随形

所谓随形，指的是那些没有明显规律的图形的产生过程和结果，它是相对于几何形而言的，是比较随意的。随形按照其构成的物质形态来分，又可分为以下几类。

（1）气体式随形，如天上的白云（图 1-1-7）。当仰望蓝天上的朵朵白云时，我们会发现，它们没有固定的形状，而是在不断变化，而且可以变成各种各样的没理图案，时而像层层山峦连绵不断，时而又像万马奔腾，形状变化不一。

图 1-1-7　白云

图 1-1-8　浪花

（2）液体式随形，如大海中的浪花（图 1-1-8）。大海上每天翻滚过无数的浪花，可是没有一朵是一样的，有的大，有的小，有的高，有的低，有的宽，有的窄……

（3）固体式随形，如我们在不经意间打碎的镜子、茶杯等（图 1-1-9）。玻璃制品一不小心被摔碎，没有人会知道它们会被摔成什么样的形状，它们也是形状不一的。

图 1-1-9　摔碎的杯子

图 1-1-10　闪电

（4）光电式随形，如黑暗天空中出现的闪电。我们都看到过夏天雷阵雨之前天空中劈过的闪电，你有没有仔细观察过它呢？其实它们也是有形状的，如图1-1-10所示。

随形所呈现出的图形在受众认知的过程中往往会因个体感受的不同产生不同的效果，所以对同一物质在同一时刻所形成的图形感受受到个体的认知水平、感知能力和想象力丰富程度等种种因素的制约。

（二）形体

1.几何体

根据几何形的图案，几何形体可以分为锥体、立方体、柱体、球体、自由曲面立体，如酒瓶、花瓶，等等。

2.随形体

客观环境中存在着很多物体都是无规律的随形体，如珊瑚、颜料的滴洒、鸟瞰的河流等。

四、空间与深度

任何物质都必须在一定的空间中存在，所谓空间，就是指物质存在的环境。在艺术概念中，空间往往被分为以下三种类型。

（1）图式空间。图式空间就是指利用二维的图像所创作出的空间。

（2）真实空间。所谓真实的空间，就是说我们可以切实看到和体会到的空间形态。例如，在很多雕塑作品中，我们可以看到它们的凹凸结构，并感受到这些结构所塑造出来的空间感，如图1-1-11所示。这就是雕塑家的目的——通过作品中的虚、实来表现空间。

（3）错觉空间。错觉空间与真实空间不同，它是指作品看上去像是存在立体的、深度的空间感，但其实它仍旧是平面的。这种空间一般应用于平面作品图中，画家会根据透视原理，运用明暗、色彩深浅等技巧，在平面上表现出物体的远近层次关系，如图1-1-12所示。

通过观察图1-1-11和图1-1-12，可以发现，无论是真实的立体空间，还是在平面上塑造的空间，只要能够给人真实的立体感的，都是存在着一定的深度的刻画的。这是因为深度与空间是密不可分的两个概念，在现实中人类的一切视觉经验都发生在深度的空间里。所以在视觉表达过程中，只有充分表现出物体、空间的深度，才能更有利于人们接受。

图 1-1-11　立体雕塑

图 1-1-12　错觉空间

五、质感

质感指的是物体表面的特质，一般可以通过视觉或触觉感受到。我们所说的质感，有天然和人工之分。天然的如树皮的粗糙、金属的光滑等。通过人工表现的如硬物的刮划、用薄纸在凹凸物体上拓印等。技艺高超的艺术家，往往可以以其高超的技巧在绘画中表现对象的质感，让人通过视觉就可以感受到所绘物体的质感，犹如置身于真实环境在触摸真实物质一样，如图 1-1-13 所示。

图 1-1-13　画作中的摩托车

六、明暗

由于受光不同，物体的不同区域往往会表现出不同的亮度，具体表现为物体的颜色的深浅度、清晰度等都有所差异，这就是所谓的明暗。在绘画中，明暗也指对物体明暗度差异的表现方法。尤其是在素描中，掌握物体明暗调子的基本规律是非常重要的，物体明暗调子的规律可归纳为"三大面五调子"。

所谓的"三面"，分别指亮面、灰面和暗面，它们是物体在光线照射下呈现出的三种不同的明暗状态。其中，亮面是受光的一面；灰面是侧受光的一面；暗面则是背光的一面。

所谓"调子"，是指画面不同明度的黑白层次。是体面所反映光的数量，也就是面的深浅程度。在三大面中，根据受光的强弱不同，还有很多明显的区别，基本可以归纳为"五调"，其内容分别如下。

（1）亮调子，直接受光部分。

（2）灰调子，中间面，半明半暗。

（3）明暗交界线，灰面与暗面的交界处，它既不受光源的照射，又不受反光的影响，因此挤出了一条最暗的面。

（4）暗调子，背光部分。

（5）反光，暗面中由于受周围环境的影响而产生的暗中透亮部。

这里列举的"五调"只是众多调子中具有代表性的五种，但把这五种调子把握好，对于理解画面黑、白、灰的关系，树立调子的整体感是非常有好处的。

综上所述，明暗是绘画创作的重要影响因素。总结明暗产生的原因，一般可分为两个方面：第一方面，根本原因，是因为光源的照射，包括自然光源和人工光源；第二方面，具体原因，可以概括为以下几个方面。

（1）光源的性质不同。

（2）光的照射角度不同。

（3）光源与物体的距离不同。

（4）物体与画者的距离不同。

（5）物体面的倾斜方向不同。

（6）物体的质地不同。

七、比例

比例是指部分与整体、个体与全体之间的大小、数量对比关系，它是构成设计中一切单位大小，以及各单位间编排组合的重要因素，从广东开平碉楼中可以看到不同风格建筑组合后形成的比例关系，如组图 1-1-14 所示。

(a)

(b)

图 1-1-14　广东开平碉楼

上面我们所讲述的各种视觉元素是我们进行视觉表达时必须掌握的基本概念，在现实生活中，这些元素概念都是有其物质载体的。通过不断的观察和归纳，我们将逐渐学会从现实中发掘元素并熟练地应用于创作过程。

第二节　视觉元素的属性

在了解了视觉元素的基本概念以及构成之后，为了进一步把握元素的特征，我们必须对其属性进行细致的分析。作为认知主体的人，是自然属性与社会属性的统一。人和动物都有自然属性，它们是相类似的，所以使它们明显区分开来的就是人具有社会属性，而动物没有。人的社会属性是指人的一言一行都离不开社会，它们是社会的产物，人一旦脱离了社会，脱离了社会联系，也就丧失了人性，丧失了人的一切能力。因此，人们在认知以及使用视觉元素的历史进程中，会自然而然地使这些元素的意义与人及社会发生某种联系，从而使得视觉元素的属性从自然之中产生分化。

视觉元素有着不同的属性，主要分为自然属性和人文属性两种类型，下面我们对这两种属性分别进行详细论述。

一、自然属性

自然属性是物质的固有属性，它指的是视觉元素自然形态的概念。这种属性是由自然赋予的，不以人的意志为转移。自然属性涵盖的内容有很多，比如常见的物质的物理属性，包括其光泽、颜色、硬度、弹性模量、抗压度、熔点、沸点等；化学属性，包括其可与什么类型的物质发生化学反应，反应速度，反应是否可逆，反应是放热还是吸热等。元素的自然属性有着一定的发展规律，而且不被人所左右，无论是否被人所认知，它们都会继续存在着，按照自己的标准和界限，有规律地发展。

二、人文属性

人文属性与自然属性不同，它是人类赋予视觉元素的附加概念，因此，它的形成和发展都是伴随着人们对它的认知过程的。这种元素属性不是与生俱来的，也不是固有的，它们被人们赋予意义，不断发展下去。视觉元素人文属性的特点可以概括为以下几个方面。

（一）历史性

文化分为两种，一种是快文化，兴起得快，被遗忘得也快。另一种就像我们中华民族五千年遗留下来的悠久文化一样，历久弥新，永远为后人称颂，源远流长。视觉元素人文属性的形成过程也是这样的。之所以它能被人们普遍认同，是因为它不是一时兴起的，而是经历了一定历史时期沉淀的。而且，元素的人文属性一旦形成，就会成为公理式的意义，很难随着个别人的意志而随意变动。

（二）广泛性

元素的人文属性必须是被一定范围内的人所普遍认同的。因为只有这样才能消除元素在意义表达与接受上的障碍，从而使得一件艺术作品经过视觉元素组合之后能够在特定的人群范围内被理解并产生影响。例如一横和一竖交叉在一起形成的十字符号，自基督耶稣之后代表的是救赎和为公义牺牲的精神，这在西方基督教社会中几乎人人皆知，如果艺术家利用十字来表达这一特定涵义，人们都能理解。如图 1-2-1 所示，明显的十字架图案设计，让人们一眼就能看到该建筑的宗教性质。

图 1-2-1　宗教中的十字图案

（三）人性化

从文化学角度上讲，自人类文化起源的时期开始，人们就将人文属性不断地注入视觉元素之中，从而创造出丰富多彩的视觉形象和文化样式。因此，元素的人文属性是人类创造的，其中结合了人们的经验或愿望，融入了人的思想，可以被人所利用，且只服务于人。

三、自然与人文的统一

虽说视觉元素的属性可以分为自然和人文两种，但是并不代表它们是相互独立的，而且我们在理解视觉元素的属性问题的时候，也不应把自然属性、人文属性孤立地看待。很多元素都是自然属性与人文属性的统一，既有自然属性又被人赋予了人文属性，利用其自然属性可以表现一种意义，利用其人文属性又可以表达其他涵义。因此，在面对一个视觉元素的时候，我们应该有意识地将它的两方面属性统一起来，进行联系和对比，从而更加清晰地把握其中规律。下面我们通过几个例子，来说明这一点。

我们都知道鸽子象征和平，这是从西方传过来的一种思想，这是人们赋予鸽子的一种人文属性，而且我们还应该知道，鸽子的自然属性是记忆力好，可用来传递信息；我们都知道彩虹是雨过天晴才会有的自然景象，因此，人们赋予它的人文属性是"彩虹之约"，表示言归于好的来临(出自《圣经》)。

除此之外，自然属性和人文属性相结合还表现在很多宗教思想中。例如，图 1-2-2 所示是佛教图案"八宝"中的盘常结，象征着无始无终、无穷无尽的吉祥之意。这里的佛教八宝分别指的是盘常、莲花、宝伞、法螺、白盖、宝瓶、双鱼和法轮。除了盘常，其他"七宝"中，莲花表示出淤泥而不染，象征圣洁；宝伞表示松弛自如，象征保护众生；法螺是佛音"吉祥"的意思，预示着好运；白盖是解脱大众病贫的象征；宝瓶表示福智圆满，寓意成功和名利；双鱼表示坚固活泼，代表幸福，还可避邪；法轮表示佛法圆转，生命不息。

图 1-2-2　盘常结

第三节　视觉元素的动态组合

一、元素的动态组合方案

对于艺术家来说，进行艺术创作的前提就是对各种视觉元素的概念、构成、属性、性质、特征等有一个详细的了解。在前文中，我们已经详细论述过视觉元素的概念、构成和属性等知识，至于它们的性质和特征，相信大家在悉心体会和反复训练的过程中一定会逐渐掌握。对这些知识都有了清楚的定义之后，我们要做的就是利用这些视觉元素进行动态组合，来完成艺术主题的表达。接下来我们就围绕这个问题，对视觉元素的动态组合方案进行分析。这里我们主要介绍两种方案，一种是对旧有的元素进行新组合；另一种是利用元素的属性进行动态组合。

（一）利用元素进行动态组合

这里所说的旧元素，指的是原有的、人们熟知的一些元素；而新组合指的是将这些元素进行重新组合，创造出意外的效果。别人用过的材料、元素和形式，我们均可以再次使用，但务必在组合方面进行创造。

世间万物总有千丝万缕的联系，且没有一种联系是固定不变的，或者说，没有哪两种元素是必须联系在一起的，也没有哪两种元素是绝对不能联系在一起的。所以，在各元素间寻找建立关联需要艺术家拥有丰富的想象力，找出各个元素中最相关、最独特的联系是创造新组合的首要任务。关于建立联系，北京大学已故著名史学家翦伯赞的三条经验原则是："个别看起来没有什么意义的，就综合起来看；综合起来看没有什么意义的，就分析起来看；独立看来没什么意义的，就比较起来看。"

发现和建立元素间的联系从而创造新的组合，这个过程并不是随意进行的，而是有一定规律可循的。下面我们将介绍几种旧元素新组合的方法。

1.将看似无关的元素组合起来，形成新事物、新内涵

前面我们说过，没有谁规定哪些元素是一定不能放在一起的，因此，艺术要敢于尝试。只有经过不断的尝试，我们才能真正知道，哪些元素放到一起可以表现什么样的形象，表达什么样的内涵。

如图 1-3-1 和图 1-3-2 所示，没看到这样的组合之前，我们无法想象橘子皮和牙签之间能有什么联系。但是经过组合之后，我们好像看到了似曾相识的形象，如水母、遨游太空的人造卫星或是其他什么机械怪物等，大家可以随意想象，这就引发了人的联想。

再如图 1-3-2 所示，作者将原来本不相关的四种元素——手、墨镜、手镯、唇印组合在一起，新的形象呈现眼前。虽然图中的形象与真实的人像相差甚远，但是人的视觉具有联想与认知功能，所以我们会对图中形象欣然接受。

事实上，对旧元素的搜集、新组合的创造两个阶段的分析涉及科学和艺术的问题，我们可以这样认识：搜集旧元素需要科学的精神，是科学探

险家角色阶段；产生新组合需要艺术的创造力，是艺术家角色阶段。前者是后者的基础，后者是前者的目的，两者辩证统一，缺一不可。所以，我们在课程的学习过程中，不仅要掌握现有的理论知识和科学方法，还要勇于探索、勤于实践。

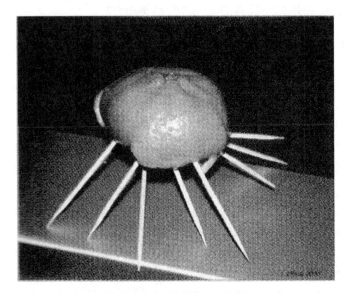

图 1-3-1　橘子皮和牙签组合

图 1-3-2　手、墨镜、唇印、手镯的组合

2.外形不变，在旧元素中注入新内涵

这种组合方式其实很好理解，就是在保持元素原来形态不变的情况下，将其组合，形成一种新的事物，赋予其新的内涵。很多艺术家在其作品中经常会运用到这种组合方式。组图 1-3-3，是萨尔瓦多·达利(Salvador Dali)的作品，这是一个提示人们预防艾滋病的公益广告平面作品。从图片中我们可以看出，该作品使用了人体元素，并且没有改变元素的外形特征，而是通过元素间位置的组合，在整体上形成了看似人头骨的形象。这一组合的巧妙之处在于，四个人体的位置关系不仅揭示了艾滋病传播的主要途径，还预示了艾滋病的可怕后果，引人深思。

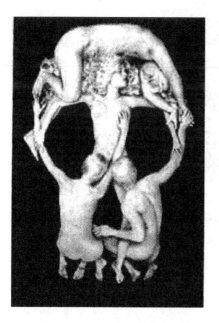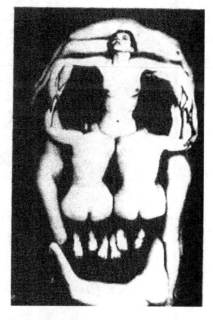

图 1-3-3 预防艾滋病公益广告图片

实际生活当中有很多类似的例子，比如泡菜中的白菜和萝卜，从外表上看起来虽然依旧是白菜和萝卜，但它们原有的味道全变了。再如松花蛋，外表看起来与蛋无二，而味道已经与本来的蛋完全不同。还有钢笔手枪、纽扣摄像头、鼠标电话，等等。

3.内涵不变，改变元素的外在形态

这种组合方式是指改变元素的外在形态，但是保留其原有的内涵。很多情况下，艺术家都会运用这种表现方式，在提升外形美感的同时，保留原有的内涵和意义。如组图 1-3-4 所示，是意大利某蔬菜超市的平面广告。作品中的元素为该超市中所销售的水果蔬菜，但是如果我们不借助于广告语的提示很难联想到其中使用的元素究竟是什么，因为元素的外在形态已经改变。经过全新的组合而形成的画面形象又可以反过来生动地表现作品的主题——超市中水果蔬菜的鲜活品质。

图 1-3-4　意大利蔬菜超市广告图

仔细观察生活中的一些事物，我们同样可以得到灵感。例如冷拼中的萝卜花，无论它被雕刻成何种花卉，吃起来仍旧是萝卜味儿；再如熊掌豆腐，看起来的确像熊掌，而吃起来却仍旧是豆腐味儿。另外有一种表皮像石头一样的巧克力，无论是外形还是颜色都惟妙惟肖，与石子别无两样，但吃起来仍旧是巧克力，唯一的变化是造型与颜色新颖。

（二）利用元素属性进行动态组合

除了从元素的外形和内涵出发，进行动态组合，我们还可以从元素属性的角度入手，利用元素属性的不同特征来做文章。前面我们说过，视觉元素的属性可以分为自然属性和人文属性，多数都是两者的统一。另外，同一元素的不同属性可以表达不同的涵义，因此，我们在进行元素组合的时候，必须细致地分析元素属性的各个方面，并根据表达需要来决定利用元素的哪种属性。利用元素的属性进行动态组合的具体方法主要有以下两种。

1.自然属性排列组合

凡是学过"平面构成"这门课程的同学都知道，形的排列组合有多种方式，如：有序的"整齐美"；从有序到无序的渐变或突变；从规范到不规范的变化；疏与密、虚与实、多与少、分散与集中、静与动、整合与分解(强调动态过程)，等等。我们可以通过利用元素的某些自然属性(如外形、物理性质、化学性质等)进行不同方式的排列组合，从而达到所需的视觉表达效果。

下面我们通过几幅摄影作品图来对这种组合方式进行分析。

在图1-3-5中，作者巧妙地运用了虚与实的组合，给人一种真实而又迷离的美感。画面中的岸堤将画面分为上下两个部分，上方为实体部分，下方为虚体部分，而虚体部分又是对实体的虚化的倒映。岸堤上的人此时似乎已经凝固成一个个雕塑完全融入景色之中。这幅作品给我们的创作带来一个启示：在创作中一定不要忽视对虚体元素的运用，很多时候实体元素与虚体元素的组合更具表现功效。

在图1-3-6中，我们一眼能看出，该作品的主要元素为8只栖息枝头的鸟，作为辅助元素的树枝与空白将这些鸟儿衬托得更加明显。而在这群鸟中，我们可以看到，图中的1只鸟与另外7只鸟形成两个大组——单鸟组与多鸟组。在多鸟组中又可以根据上下位置的关系分为单鸟组和多鸟组，下方的6只鸟所组成的一组又可以根据横向位置的关系分为双鸟组和四鸟组。这就运用到了视觉元素之间疏与密的比较以及群体与个体的组合方式，这是整个作品的重点，这种组合为整个作品赋予了有趣的意义空间和结构之美。这种富有层次性的元素组合方式使得我们的视觉表达过程也可呈现出有层次的多重含义。

图 1-3-5　岸堤景色

图 1-3-6　栖息枝头的鸟

图 1-3-7 是一幅关于楼群的摄影作品，在这幅作品中，我们能最直观地看到的就是一些由简单的线条组成的窗户，还有由一个个小方格的窗户组成的一个楼体。当然，整个画面看起来并不乱，这是因为作者通过若干楼体的重复，使整个画面形成一种层次分明、错落有致的视觉效果。由此可见，整幅图的构图主要是通过不同层次的元素进行组合与重复来完成的。

图 1-3-7　楼群

2.自然属性和人文属性结合进行动态组合

对一个形态、图片或图像而言，自然属性信息反映出来的状态就是守恒；对一个形态、图片或图像而言，人文属性信息反映出来的状态则是变化；每一个形态、图片或图像的符号都具备自然属性和人文属性。元素的自然属性和人文属性的结合可以使我们的视觉表达更加生动、更加深刻。因此，接下来我们就通过对几幅图的元素组合进行分析，来进一步说明自然属性和人文属性之间的关系。

图 1-3-8 是国际爱护动物基金会(IFAW)为宣传保护野生动物而推出的一幅公益广告平面作品，主要元素为条形码和熊。纵观整幅图，我们可以想象到一只熊被一个铁笼禁锢在海上，而这个铁笼在图中用条形码象征，使得整个作品充满了深刻的人文内涵——条形码好像是人类为了自己的经济利益而强行加在熊身上的牢笼，同时又暗示出熊将被出售。作者通过这一组合不仅表达了对人类某些唯利是图的经济行为的嘲讽，更饱含着对野生动物的同情，从而有助于唤醒人们保护动物的意识。

没有了血肉与生命的骨架便成了孤零零的标本，但从自然属性上来看，它又有着人外形轮廓，因此很容易使人产生联想。图 1-3-9 中，作者通过特殊的摆放方式使得标本的自然属性中被注入了人文属性，这两具原本死气沉沉的骨架便"活"了起来。

图 1-3-8　条形码和熊

图 1-3-9　人的骨架

我们都知道，造纸的原料是树木，所以纸张的生产就必须建立在伐树的基础上，它们是两个密切相关的工业程序。在图 1-3-10 中，纸的末端所形成的形象既像纸张撕开之后留下的纹理，同时又象征着森林的形象，再加上作者的文字提示："少用几片"，风趣幽默地揭示出人类日常行为与自然之间的微妙关系，更加突出了节约用纸、保护森林的人文含义。

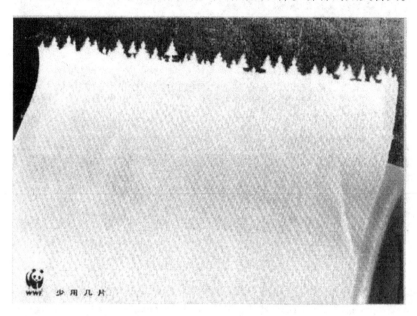

图 1-3-10　少用几片

通过上述作品分析，我们能够发现，视觉元素的属性与组合技巧的分类实际上有很多标准和层面，在进行艺术创作的时候，我们不能够拘泥于书本，仅仅被现实中的表面现象所迷惑，而应该开拓思维，通过实践掌握科学的分类方法。

二、元素动态组合的作品赏析

运动是事物存在的唯一方式，由矛盾双方组成。视觉元素运动的轨迹有特定的规律可循。通过表现视觉元素在动态中的组合与分离，我们可以更好地理解每个静态元素在运动中的变化规律，而该变化引发的效果正是视觉设计师追求的目的之一。因此，接下来我们就通过一些典型作品的欣赏与解析，来帮助读者更好地体会在艺术创作中元素的动态组合。

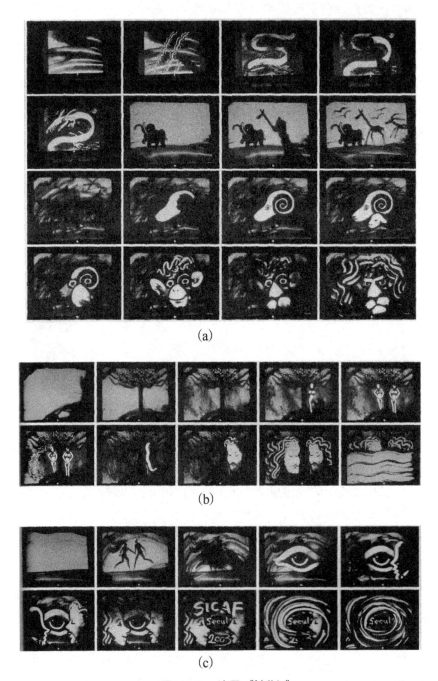

(a)

(b)

(c)

图 1-3-11 沙画《创世纪》

图 1-3-11 展现的是一幅沙画作品《创世纪》，它是由匈牙利艺术家 Ferenc　Cako 创作的。它没有最终结果，只有一系列局部内容独立却连续的过程。而且它在表现形式上也同以往的艺术作品不同：以往的艺术作品都是以最终成果的形式展现的，而该作品的过程却以数字形式被记录下来。它原本不是影片，观众要欣赏的是艺术家创作的整个过程，这个过程本身同他的作品是合二为一的。作者使用沙子直接在实物投影仪上作画，作品非常具有震撼力。作品的很多局部是一种临时性的结果，它们是贯穿于作品过程中的，不能作为最终结果存在。这些局部可能被下一过程覆盖，也可能被下一过程继承，成为另一局部的构成要素。艺术家向我们定义和展示了一个艺术作品的创作过程。

图 1-3-12　人体组成的阿拉伯数字

从图 1-3-12 中我们可以清晰地看到，首先这是十个阿拉伯数字，其次它们都是由人体构造的。同样是人体，且没有进行任何处理，但是它们却能够用不同的组合方式构造出不同的形象。由此，我们可以清晰地体会到作者利用同一视觉元素进行多种组合的动态思维过程。

下面我们通过一系列图片来表现元素的动态表现过程，分别如图 1-3-13 至图 1-3-21 所示。

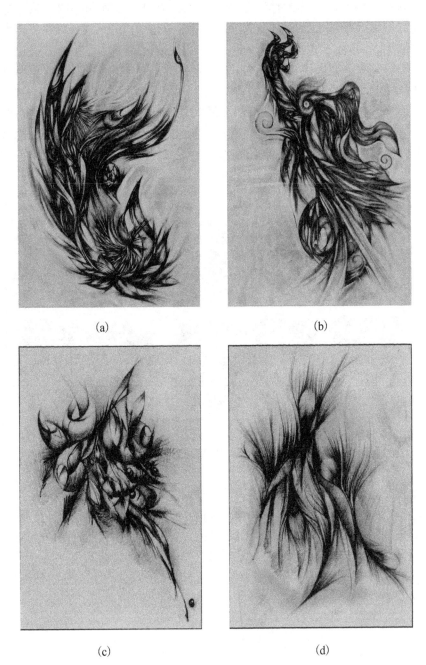

(a)

(b)

(c)

(d)

图 1-3-13　动态表现过程（一）

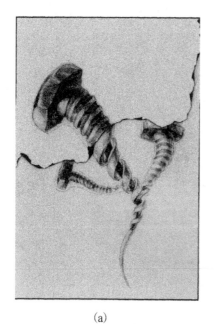

（a）

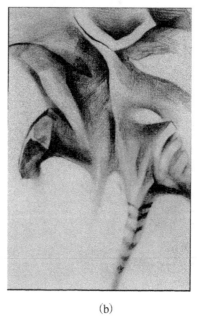

（b）

（c）

图 1-3-14　动态表现过程（二）

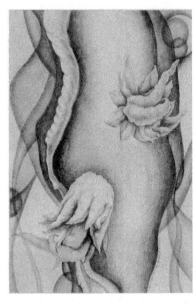

(a)　　　　　　　　　　　　(b)

图 1-3-15　动态表现过程（三）

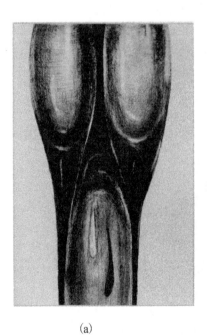
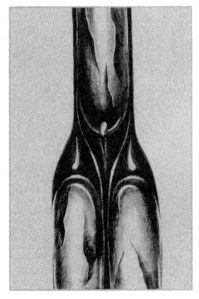

(a)　　　　　　　　　　　　(b)

图 1-3-16　动态表现过程（四）

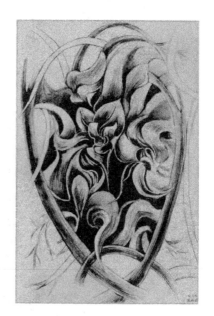

(a)　　　　　　　　　　　　　　　　　(b)

图 1-3-17　动态表现过程（五）

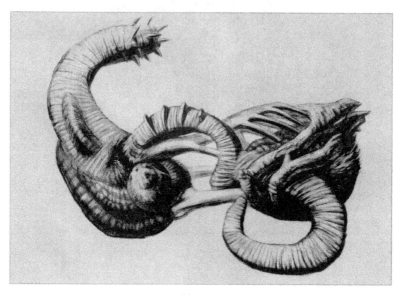

(a)

(b)

图 1-3-18　动态表现过程（六）

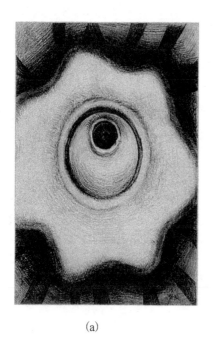

（a）　　　　　　　　　　　（b）

图 1-3-19　动态表现过程（七）

（a）　　　　　　　　　　　（b）

图 1-3-20　动态表现过程（八）

（a）　　　　　　　　　　　　　　　　（b）

图 1-3-21　动态表现过程（九）

　　元素在组合的时候可以体现其动态的组合过程，而在这个过程中，作者的思维也是在不断发展变化的。所以接下来我们仍然通过几幅图片来体会这种组合技巧的动态过程以及作者在创作过程中的动态思维，具体如图 1-3-22 至图 1-3-25 所示。

图 1-3-22　动态过程和动态思维（一）

图 1-3-23　动态过程和动态思维（二）

图 1-3-24　动态过程和动态思维（三）

图 1-3-25　动态过程和动态思维（四）

　　通过对上述图片进行赏析，我们可以深刻体会到，在形形色色的作品设计中，不仅融入了图形与图形之间的转换，同时也融入了作者内心对图形认知过程和外在手法处理过程的转换。这两点其实就体现了形体和理念上的变化发展。如果一个人同时掌握了这两种能力，即思维工程和形式设计，那么他一定会带来更多具有创造性的大创意，他们将促进社会更快速地进步，世界将呈现出更多的美好形象！

第二章　现代纺织品设计概述

本章将着重对现代纺织品设计的相关内容进行分析，其中既包含纺织品设计的类型与原则、纺织品设计的内容与程序，同时还包括纺织品的性能与原料设计以及纺织品的纱线与织物设计。

第一节　纺织品设计的类型与原则

一、纺织品设计的类型

关于纺织品设计的类型，通过人们长时间的分析与总结，对其进行了归类，大致可分为三种类型，其具体内容如下。

（一）创新类纺织品设计

与后文中所要说的改进类纺织品设计与仿制类的纺织品设计来说，创新型的需要设计者具有更强的思维灵活性，在实际中常使用的方法有以下几种。

1.功能性方法

以纺织品的某种、某类或若干性能要求为出发点进行产品开发设计的方式。新产品和其他产品一样，都具有一定的功能性。服用纺织品主要对织物的耐用性、热舒适性、美观性能、防护功能等提出要求；产业用纺织品主要有高强度、耐化学功能、耐高温高压功能、耐油耐火功能、防辐射功能等要求。某种具体纺织品的设计，可以根据主要性能要求选择原料，进行工艺设计，完成产品开发。

实际上，在开发新产品时，常把几种路径结合起来，按照系统工程的原则，围绕纺织品的实用功能和审美功能，从材料的选择与创新，到新技术、新设备和新工艺的开发应用，整体统筹设计。才能达到良好的效果。

2.加工技术方法

这里所说的加工技术方法实际上就是指采用新设备、新技术、新工艺，得到新的产品品质、风格和功能的设计途径。具体来说，在实际使用过程中有下面几种方法可以参考，具体如下。

（1）高新技术：随着科学技术的不断更新，更加高新的技术不断出现，拿生物技术来说，应用生物技术可培养出彩色棉、有机棉、彩色丝、兔毛棉、彩色毛等新型纺织材料。低温等离子体可通过电晕放电、微波放电等不同方式获得，低温等离子体可引起纺织材料结构和性能的变化，大大改善其服用性能与风格，这种技术已成功地应用于涤纶等合成纤维及羊毛和兔毛的改性。

（2）纺纱技术：运用先进的科学技术可以纺制出各种非常规的纱线，如混纺纱、多色纱、彩点纱、粗细节纱、包芯纱、圈圈纱等。也可以利用转杯纺、尘笼纺、涡流纺等新型纺纱技术，纺制出高蓬松度纱、毛羽纱、竹节纱、结子纱等新产品，用于开发各种风格和性能的新产品。

（3）纺纱技术：采用对普通纤维材料的精工细作，如毛纺产品的半精纺、粗毛细作、细毛精作等加工方式，可使产品档次和附加值提高，如低特纱产品、单纱产品、精经粗纬、粗经精纬产品、薄型产品等，既减少了原料的消耗，又提高了产品的档次。

（4）纺纱技术：新型的纺丝技术，可以纺制异形截面、中空、超细、特细、复合纤维，还可以纺制预取向丝和全拉伸丝。另外，还有无捻丝、强捻丝等若干纤维新产品。

（5）后整理技术：采用这种技术可改善织物性能和风格，赋予纺织品新的功能和外观。通过染色、印花，除了使纺织品获得各种花纹和色彩外，还可以得到闪光、变色、夜光、荧光及金属光泽等外观效果；通过机械和化学的整理加工，可以使纺织品产生丝光、闪光、皱缩、绒毛、凹凸的表面效果，既可使纺织品变得滑糯、柔软、挺括、悬垂，又可以使之变得硬挺、坚实、厚重。

3.原材料方法

在采用原材料方法对纺织品进行创新设计的过程中，可以通过以下三种方式来实现，具体如下。

（1）新型纤维。采用新型纤维是纺织品创新设计中比较常用的途径。随着化纤技术的发展，近年来新型纤维的发展很快。如何利用各种新型纤维合理开发出性能优异、成本相对较低、附加值高、市场前景良好的产品，是设计者们面临的主要问题。

（2）改性处理。随着科技的发展，传统纤维材料及织物的一些性能上的不足可以通过改性处理进行改善，这种技术的变革也可能伴随着一批新产品的开发设计。如对羊毛纤维或织物的脱鳞处理可以大大改善其毡缩性，并使纤维变细，手感柔软；对细羊毛进行拉细处理，可以得到仿羊绒的效果；对麻类纤维采用新方法脱胶处理，可以去除刺痒感，手感柔软；对涤纶、锦纶、腈纶等合成纤维进行接枝改性，可以改善易起毛起球、静电等性能；对涤纶织物进行碱减量整理，可以改善手感、透气性等，达到较好的仿丝绸效果；对棉织物进行丝光、树脂整理，可以提高光泽度和抗皱性等。

（3）传统纺织原料。对于纺织原料来说，实际上不管是天然纤维还是化学纤维，不同的纤维各有其优缺点。当设计者采用此种原料进行设计的过程中，可以采用不同原料的合理搭配，充分发挥各纤维的特点，开发设计出新产品。如采用多种天然纤维和化学纤维混纺开发多组分新产品，如天丝／棉／羊毛、竹浆纤维／棉／涤纶等；以不同比例混纺、交织的新产品，如棉65/涤35、棉55/涤45等，通过不同纤维的配置组合，达到性能上取长补短，提高产品综合性能。

（二）改进类纺织品设计

从我们对这类纺织品设计的命名上来看就可以发现，这种类型的纺织品设计是在某些现有的纺织品设计的基础上进行改进而形成的一种新的纺织品设计产品。一般来说，对现有的纺织品设计进行改装有其固定的方法，具体如下。

1.改变捻向、捻度及密度

当这三种影响因素发生变化时，此时织物的外观、强力、耐磨性、抗皱性、悬垂性及手感等。如果织物的强力不足，可以适当加大纱线线密度或捻度。要想使织物悬垂性提高、手感更加柔软。可以采用较细的纱线，但同时应适当增加密度，保证织物强力。若织物的耐平磨性差。可以考虑增加纱线线密度；耐曲磨性差，则要考虑降低纱线线密度。织物的经纬纱密度和纱线线密度的改变往往是相关的。当纱线的线密度增加时，一般要相应减小经纬纱密度。

捻度及捻向对织物的风格和性能也起着举足轻重的作用。如夏令服装面料一般紧度较小，容易发软，没有身骨，如果出现这种情况，则要适当增加纱线捻度。如果是股线，要用同捻线，经纬采用同捻向配置，使交织处纱线互相啮合，织物就显得薄、挺、爽。

2.改变经纬密度

经纬与密度的变化几乎影响到织物所有的机械性能。如果织物的强力、弹性、耐磨性、柔软性等不够理想，均可以通过改变经、纬纱密度配置来进行调整。

一般情况下来说，在纬密不变的前提下，如果经密增加，此时，织物经向强力及纬向强力都可以得到增强；而当经密不变，纬密增加时，则纬向强力增加，若纬密过大则经向强力下降。经纬纱中某一个系统的密度增加时，相应地这个系统的纱线屈曲波高增加，该系统的纱线在织物表面更为显露，当受到外界摩擦时，这个系统纱线就更容易受到磨损，而另一系统纱线会受到保护。

3.改变原料

原料关系到织物的性能及成本。现有的各种纺织原料，或多或少在某些方面有一些不足，可以通过原料的改变或加入不同的原料对性能进行适度改善；为了降低织物成本，可以在比较昂贵的原料中混入一部分廉价原料，如在毛织物、丝织物中加入部分化学纤维，通过合理设计，达到基本保持原有风格性能、同时降低成本的效果。举个例子来说：传统的涤／棉织物一般采用涤 65／棉 35 的原料配置，抗皱性较好，但吸湿、透湿性较差，穿着有闷热感。要改善穿着的舒适性，可采用增加棉比例的方法，采用棉 65／涤 35、棉 80／涤 20 等倒比例设计，会明显提高吸湿性能，增加穿着舒适性。但由于涤纶含量较少，织物容易起皱变形，可在后整理过程中进行抗皱、丝光整理。

在上述的这几种改进设计中，由于新产品和原产品在纱线线密度、密度、原料、组织等方面均可以变化，所以此类设计的难度较大。首先要对原产品进行认算的分析，掌握它的风格特点、技术规格，明确需要改进的方面，掌握主要影响因素；第二步要研究采用的改进措施，掌握新织物和原织物在技术规格上的差异程度；最后要从实际的生产条件出发，既要保证改进后织物的性能，又要兼顾生产的可能性和产品质量，确定新织物的技术规格，完成产品的设计工作。

（三）仿制类纺织品设计

一般情况下来说，这种类型的产品设计主要是根据市场调研或客户提供的样品进行的再设计。下面我们对其具体的设计步骤来进行分析，内容如下。

1.分析来样

这是整个设计过程中的第一个环节，要求设计者对来样进行正确的分析，以便获得必要的设计资料，对制定产品的规格和纺织染工艺均有重要的指导作用。分析过程要认真仔细。从细节来说，来样分析大致包括以下内容。

（1）组织分析。需要设计者分析来样的组织、色纱配合及染色工艺特点。通过分析，估计产品用综数，确定是否需采用双轴织造等生产技术条件。

（2）规格分析。需要设计这对来样进行原料种类及性能、纱线规格及织物规格和组织分析。

（3）风格分析。需要对产品的风格进行详细的分析，详细了解产品的用途、使用对象、后整理方式等，对外观特征、手感、风格进行分析。

2.确定产品规格

在经过了第一个环节对来样分析结束以后，设计者所需要做的就是进行生产工艺设计，根据来样的分析结果，同时可以参考同类产品，确定该产品的具体规格，在此基础上进行纺织染生产工艺流程设计，并确定各工艺流程的主要工艺参数和技术要点。

3.试织

这里我们所说的试织主要是针对小样和先锋试样，具体来说要求设计者先打小样，再经过先锋试样，仿制成功后放大样。确定好产品的生产工艺之后，可以进行小批量生产，记录、分析全部数据，与来样进行比较，检查设计的色泽、花纹图案、风格、技术规格等是否达到来样要求，如发现问题要分析原因，改进设计，使最终制定的产品工艺参数和技术措施能生产出达到来样要求的产品。

4.投入生产

在经过了上述几个环节的工作之后，最关键的一步就是正式将小样投入生产，但是在正式生产之前，一定要确保试纺织品和来样是完全相符的，否则还要重新再按照上述我们所说的几个步骤来进行设计，重新生产。

比较传统的仿制设计都是由南客户提供布样，但现在的仿制设计形式有些变化，如客户提供织物的原料、组织、规格及花纹纸样，这种情况下设计人员就要根据客户提供的经纬密度及纸样花型尺寸确定色纱排列，再根据同类产品确定该产品的具体生产工艺，然后打小样或先锋试样，并返给客户，得到客户认可后就可以进行大批量生产。

二、纺织品设计的原则

从整体上来看，通过对纺织品设计的不断研究，从中总结出了纺织品设计的原则，主要表现在六个方面，具体内容如下。

（一）"三位一体"模式

这里我们所说的"三位一体"实际上就是将设计、生产与销售这三个步骤结合在一起，在产品设计中，要兼顾设计、生产和销售三方面，用一句话来概括那就是根据市场确定设计目标——根据产品风格及性能要求设计产品——生产上则要考虑原料和生产成本、设备条件和产品质量。

（二）适应市场需求

在对纺织品进行设计之前，设计人员首先要做的就是对广泛的市场进行调查和预测，这样做的目的就是为了能够使设计出的纺织品更加符合市场流行趋势，适应消费者需求，切忌闭门造车，以个人的爱好，主观臆断进行设计。

（三）实用与美观并重

实用实际上可以等同为"使用"，是指产品的使用价值，任何商品只有满足了人在日常生活中的使用需求，才算得上是实用的商品。这就要求设计人员应根据产品的使用目的、性能要求，设计既经济又实用的产品。同时，随着人们生活水平的提高，对纺织品的性能和风格的要求越来越高，设计时要根据产品类别考虑外观风格、舒适性、功能性等要求。

（四）准确的定位

随着社会的发展，人们在不同的社会阶层中所扮演的角色不尽相同，有的是公司的领导，有的是国家的代表人物，有的是工厂的工人，当然还有在农田从事农作物种植的农民。正是由于分工的不同，才使得不同人群对纺织品的要求差异越来越明显，进行纺织品设计时要根据不同消费者确定产品定位，开发相应档次的产品。

（五）创造一定的经济效益

在对产品进行设计的过程中，设计者除了考虑市场等一些因素之外，最重要的还要将企业的开发与生产可能性、成本、市场接受程度等众多的因素考虑进去，在设计生产的过程中，尽量采用较低的成本达到较高的产品综合性能，提高性价比，才能具有较强的市场竞争力，创造良好的经济效益，提高企业的竞争力。

（六）在规范中求创新

从创新的角度上来看，要求设计者在遵守传统的同时，在新开发的设计产品中加入创新的思想，使得产品设计具有开拓型思维，不断创新，只有做到了这一点，所设计出来的产品才能发展，才能有市场需求。但是，创新的同时应适当考虑原料、纺织染整工艺及产品的规范化、系列化，如原料规格、纱线线密度、织物幅宽、密度、综框页数等的规范系列化，使产品既丰富多变又便于生产。

第二节 纺织品设计的内容与程序

一、产品风格构思

任何产品都有其固定的风格，纺织品也不例外，一般来说，织物的风格是由织物的用途与使用对象确定的。当设计者在设计产品的过程中，首先要做的就是根据其用途、销售地区和使用对象，明确对产品的具体要求，进行风格设计，再根据产品的风格特征，构思产品的类型，进行各项具体内容的设计。

在仿样设计中，由于设计目标明确，产品的确定和风格设计可不再进行，对来样的风格特征和具体参数进行详细分析即可。

二、设计花型

俗话说"远看颜色近看花"，单从这句话上就能看出纺织品中花型的重要性，织物的花型设计是影响外观风格的主要因素，一般包括花纹与色彩设计。织物的色彩应根据品种类型、使用对象及流行趋势来设计，设计中常与经、纬纱线的色纱排列循环和组织相结合。织物的花型可以由织纹构成，也可以通过印染加工得到，还可以采用组织和印染加工结合而构成。在花型设计中，要将艺术设计和工艺设计结合起来，既达到预期的美观效果，工艺上又可以实施。

三、选择原料

对于一件成品的纺织品来说，这件产品性能的好坏首先取决于纤维原料，每一种纤维原料都具有独特的性能。因此，纤维原料选择是织物设计的一项重要内容。选择纤维原料，不仅要选择原料品种、类别，还要考虑原料的品质特征，如长度、细度、卷曲度、长度离散度等指标。若为混纺产品，还需确定不同原料的搭配、混纺比例等。此外，选用原料时，还要考虑生产成本、经济效益及企业现有生产条件。

除了要对原料进行选择之外，作为设计者，还需要对纱线进行设计。

纱线的类型有很多种，如精梳纱线和普梳纱线、单纱和股线、花式线。不同的纱线结构，不同结构纱线的配置，会产生丰富多样的产品。在纱线设计中，不仅要设计纱线的结构，还要按织物风格要求设计纱线的线密度、捻度及捻向。

四、设计结构

织物结构设计包括经纬纱线的密度设计和组织设计。经纬向密度的配合变化关系到织物的轻重、厚薄与结构相，也会引起织物外观风格和性能的较大变化。通过不同的结构设计，能形成不同品种的产品，如华达呢、哔叽和卡其织物等。

组织是影响织物风格和品种的重要因素。通过组织的变化，可以使织物的外观、手感发生明显变化，得到各种风格的织物，满足不同的要求。在组织设计时，还需结合产品和织造设备进行布边设计。

五、纺织染设计

织物所用的原料不同，产品的类别不同，加工的工艺和设备也不同。纺织品设计过程中应根据不同品种制订合理且经济有效的工艺流程，并选择恰当的工艺参数，以保证实现上述的设计内容。在产品的整个工艺选择上，尤其是染整后加工设计，对织物的外观影响较大。同样的坯布经不同的整理会得到不同的外观，而这些外观都需要由相应的机械后加工或化学染整后处理获得。割绒、拉绒、剪花、热压、烧毛、磨毛等，都是可使织物获得一定外观特征的机械后加工；而漂练、印染、丝光、烂花、涂层、树脂及防缩、防皱、防静电、防水、防污、防燃等，都是常用的化学染整后处理方法。设计时需根据产品特点制订具体的工艺。

六、工艺计算

在经过了上述一系列环节之后设计的过程并不算就此结束，还要根据产品的用途、结构设计和生产工艺，确定织物的主要工艺规格，如幅宽与匹长，初订织造和染整缩率，根据纱线线密度、密度与组织，进行整经和织造工艺计算，包括总经纱根数、筘号、筘幅、用纱量、织物的质量、各工序长度等。若为色织物，还需进行劈花和排花设计。

七、试织

当设计完成后，为了保证设计质量，任何一个产品从开始设计到正式投入生产，都需经几次样品试织。首先是小样试织。观察配色、外观等设计效果，也可采用织物 CAD 软件进行仿真设计和修改，筛选后再进行小样试织；其次是进行包袱样试织，供订货用；在正式投产之前，一般还需进行先锋试样试织，进行工艺调整，积累生产经验，为正式投产奠定基础。每次试织后都要进行分析、改进，以保证最后生产的产品质量和风格满足设计要求。

第三节　纺织品的性能与原料设计

一、纺织品的性能设计

在纺织品的性能设计这部分内容中，将主要对纺织品的主要性能与影响纺织品性能的因素来进行分析，具体内容如下。

（一）外观性能

在纺织品设计中，对于消费者来说，外观性能是非常重要的，我们甚至可以用"眼缘"这个词来对其进行形容。具体来说，纺织品的外观性能主要包含以下几个方面。

1.光泽性

消费者购买纺织品，对于光泽性是非常重视的。具体来说主要是指织物表面反射光线的能力，常用光泽度表示。主要影响因素有纤维材料、纱线和织物结构、后整理工序等。长丝、圆形截面、有光化纤、表面有鳞片结构等材料，构成的织物光泽性好；纱线结构紧密，毛羽少，织物浮线长，表面平整，织物光泽好；轧光、烧毛、剪毛、电压、拉幅、热定形等后整理，均会使织物光泽增强；轧花、树脂整理、植绒等后整理则会使织物光泽变暗。

2.耐起毛起球性

在人们日常所接触到的纺织品中，有一些可能因为使用材料的原因，在使用过一段时间之后表面就会出现一些球状体，影响纺织品的美观性，这里我们所说的耐起毛起球性就是指织物在日常使用和洗涤过程中，受到摩擦后纤维端露出织物表面，形成局部绒毛或小球的性能。

通过对纺织品原料的分析以及起球现象的观察之后，得出了影响织物耐起毛起球性能的因素，主要有：纤维性能、纱线和织物结构、后整理工艺。合成纤维织物较人造纤维和天然纤维织物(部分毛织物除外)容易起毛起球，锦纶织物起球现象最为严重，棉织物和人造纤维织物不易形成毛球；精梳织物、股线织物、捻系数较大的织物，耐起毛起球性能较好；花式捻线和膨体纱织物比较容易起毛起球；平纹等紧密组织织物不易起毛起球；浮线较长、表面凹凸不平的组织织物比较容易起毛起球；烧毛、剪毛、定形和树脂整理等会使起毛起球现象得到改善。

3.悬垂性

这种性能主要是指织物因自重而下垂的性能，它反映了织物的悬垂程度和悬垂形态，常用悬垂系数表示。影响悬垂性的主要因素有织物种类和柔软程度。纤维刚柔性是主要影响因素，纤维细而柔软，悬垂性好；纱线捻度小．悬垂性好；织物厚、密度大、交织次数多等，悬垂性较差；经过柔软整理的织物，悬垂性提高。

4.收缩性

这里我们所说的收缩性主要是指织物在湿、热、洗涤情况下使织物尺寸缩小的性能。收缩的主要原因有纤维吸湿浸润、加工应力释放、羊毛缩绒、合成纤维热收缩等，不同织物的收缩机理有所不同。一般，纤维的吸湿性好，收缩率大；羊毛织物的纱线捻度大，组织结构紧密，织物缩绒性小；纺织染生产过程中张力大，织物缩水率大；经过树脂整理、防缩整理、预缩整理等，缩水率明显降低。

5.勾丝性

这种性能主要是针对一些组织结构比较松散的织物在使用过程中碰到尖硬物体时来说的，在纤维或单丝被勾出后，在表面形成丝环的现象，称为勾丝。通过调查分析我们得出了影响勾丝性的因素，主要有纤维原料、纱线及织物结构、后整理工艺等，其中以组织结构的影响最为显著。纱线或长丝的弹性较好、结构比较紧密时，织物勾丝现象较轻；组织结构比较紧密的织物，不易产生勾丝；经过热定形和树脂整理的织物，勾丝性能有一定改善。

6.色牢度

这种性能相对来说也是非常重要的，主要是指织物的耐摩擦色牢度、耐汗渍色牢度、耐洗色牢度、耐光色牢度、耐熨烫色牢度、耐气候色牢度等。影响色牢度的因素主要是染料种类和染色工艺。

7.免烫性

这种性能主要是指织物在经过清洗后不产生或产生很少的起皱、收缩等形态变化的性能。影响洗可穿性的主要因素是纤维性能。纤维的吸湿能力小，初始模量大，湿态与干态下的弹性回复能力差异小，则织物洗可穿性好。

8.折皱保持性

这种性能主要是指织物经熨烫形成的褶裥(包括轧纹、折痕)在洗涤后经久保形的程度，主要是合成纤维热塑性的一种体现。通过调查分析我们得出了影响因素，主要是纤维材料，热塑性和弹性好的纤维有良好的褶裥保持性；纱线和织物的影响较小；对需要形成永久褶裥的织物，可通过热定形工序来完成。

9.折皱回复性

这种性能主要指织物受到揉搓挤压等外力作用产生折皱后的恢复能力，又称抗皱性，常用折皱回复角表示。影响因素主要有纤维原料、纱线及织物结构、后整理工艺等，纤维弹性是最主要的影响因素。含氨纶、羊毛等弹性好的纤维，织物的折皱回复性好；线密度大、捻度中等偏大、交织点较少的织物，折皱回复性好；纤维素纤维织物，经树脂整理后，折皱回复性明显提高。

(二) 功能性

就目前的发展状况来看，尤其是近些年，随着纺织科技水平的不断发展和人们对纺织品要求的逐渐提高，织物的功能性在纺织品设计中越来越受到重视。当前，织物的功能性主要利用具有功能性的纤维或对普通织物进行功能性整理而得到。常用的织物功能性包括阻燃性、抗紫外线、抗静电、防辐射、抗菌、防霉、除臭、防沾污、保暖、吸湿排汗等。在对产品设计的过程中，根据产品用途，开发具有两个以上功能的复合产品，是当前功能产品的发展方向。

（三）舒适性能

随着生活水平的逐渐提高，人们对于周边的环境以及对服装舒适度的要求越来越高，就舒适性来说，主要从以下几个方面表现出纺织品舒适性的要求。

1.保温性

纺织品最基本的功能就是抵御严寒，而这里我们所说的保温性实际上主要就是指织物保持被包覆热体温度的能力，对于冬季服用织物的设计非常重要，主要影响因素是织物内静止空气的含量。中空纤维、超细纤维、异型纤维，纺纱后含静止空气多，保温性好；纤维回潮率高，保温性差；纱线捻度小、组织结构松、直通气孔少、织物厚，保温性较好；短纤织物的保温性优于长丝织物。

2.吸湿性

这种性能主要是指织物吸收水分的能力，主要取决于纤维种类。吸湿、放湿能力强的纤维，透湿性好，麻织物的透湿性最好，棉织物次之；毛织物的吸湿能力强，但放湿速度慢，透湿性不如麻和棉织物；合成纤维织物的吸湿性差，透湿性也差。

3.刺痒感

对于一小部分纺织品来说，有些与人的皮肤接触会让人觉得并不舒适。而这里所说的刺痒感也就是指织物表面的毛羽对皮肤的刺扎、刮拉、摩擦等形成的综合感觉。通过相关调查研究我们得出，最主要的影响因素为纤维刚度。纤维刚度大的麻纤维、有鳞片结构的羊毛纤维，刺痒感明显；纱线捻度小、结构松，刺痒感较小；有些化学纤维和整理助剂也可引起皮肤刺痒、过敏等感觉。

4.透气性

从其名称上来看我们大概知道这种性能，主要是指在织物两边存在压差的条件下，空气从压力较高的一边通过织物流向压力较低的一边的性能。透气性在夏季织物的设计中非常重要。影响透气性的主要因素是织物结构。线密度相同，织物密度增加，透气性下降；交织点多的平纹等织物，透气性较小；异形截面纤维、压缩弹性好的纤维，织物透气性较好；其他条件一定，纱线捻度大的织物，透气性较好；织物经缩绒、起毛、树脂、涂胶等后整理后，透气性有所下降。

5.透湿性

这种性能主要是指织物透过水蒸气的能力，有些情况下我们也将其称之为透气性，主要影响因素为纱线和织物的结构特征。捻度低、结构松的纱线，密度小、交织点少的织物，经纬纱之间形成直通气孔多的织物，透湿性好；另外，在气温较高的环境中，透湿性与风速成正比；环境湿度大，透湿性差。

（四）力学性能

纺织品的力学性能表现在很多方面，比如说耐磨性、撕破力、拉伸性、顶破力等，下面将对力学性能的这四个方面来进行分析。

1.耐磨性

耐磨性相对来说是比较容易理解的，主要是指织物抵抗其他物体摩擦而产生磨损的性能。织物的磨损是织物损坏的一种主要形式，它直接影响织物的耐用性，是织物的一项重要质量指标，包括平磨、曲磨、折边磨、动态磨、翻动磨等。

2.撕破力

所谓撕破力，常用强弱来表示，主要是指织物抵抗局部纱线受到集中负荷而出现断裂的性能，更接近于实际使用过程中突然破裂的情况，对织物的耐用性影响较大。像军服、篷帆、雨伞等产品，一般需重点考虑撕破强力。

3.拉伸性

所谓拉伸性能，主要是指织物抵抗拉伸外力的特性，它与织物的耐用性关系很大，包括断裂强力、断裂伸长率、断裂长度、断裂功和断裂比功等指标。

4.顶破力

所谓顶破力主要是指织物抵抗垂直于织物平面的负荷作用而破裂的性能，与服用织物的膝部、肘部等的受力情况十分相似。在袜子、鞋面布、降落伞等产品的设计中要做重点考虑。织物的抗顶破性能常用顶破强度来表示。

通过我们对纺织品质量的分析得知，影响纺织品力学性能因素主要表现在织物的原料、纱线、织物的结构方式以及后整理条件几个方面。

二、纺织品的原料设计

在纺织品的原料设计这部分内容中，我们将从原料与成本、原料与生产以及原料与产品的性能三个方面来对其进行分析，具体内容如下。

（一）原料与成本

就目前生产与设计的全过程来看，一般织物的原料成本占70%以上。同时，纺、织、染整加工所需的费用与原料也是密切相关的。因此，在原料选择和设计时必须考虑原料的成本及加工的难易程度，保证设计的产品既能达到要求的质量和性能，又能为企业带来良好的经济效益。

（二）原料与生产

对于纺织品原料来说，其性能的不同一方面影响着加工的过程，同时受原有加工条件的限制，生产并不是随心所欲的。粗纺与精纺、普梳与精梳、短纤维与中长纤维、天然与化学纤维、纯纺与混纺等，其纺、织、染生产过程有明显的区别。不同原料的加工特点以及对设备的要求不同。加工的可能性和范围都有一定的规律，特别是纺纱和染整工艺条件，受纤维种类和性能的限制较大，在设计时要充分考虑。

一般情况下来说，短纤维纺纱时，纱线线密度确定后，对纤维的长度和线密度有一定的要求，目前一般认为，纱线截面内纤维根数应不低于50～60根。各种化纤在选用时，要结合织物风格和纱线要求确定纤维规格。

随着纺织科技的发展，各种新技术、新设备不断出现，纺织原料的应用正逐步打破原有的行业限制，毛纺织、棉纺织、麻纺织、丝纺织的界限逐渐模糊，多种原料的交叉应用为纺织产品的创新开发提供了基本保证。

如在棉纺设备上采用半精纺工艺生产毛型织物，原料的限制明显降低，工艺流程短，生产成本低等。据调查表明应用新技术"如意纺"，纺纱时纱线的线密度可不受截面内纤维根数的限制，这为纺织品的创新设计提供了新的技术支持。

（三）原料与产品的性能

设计产品首先要选择原料，需要注意的是，选择原料的前提是要符合产品的性能。

拿一个具体的例子来说明，当在设计运动服装选择面料的时候，主要考虑面料的弹性、吸湿排汗等要求，鉴于这一点，在原料的选择上可以考虑棉、涤棉混纺、吸湿排汗涤纶这一类等；而当在设计夏季衬衫选择面料时，则更侧重于考虑吸湿透气、柔软、抗皱、易洗涤等，可选择纯棉、棉／涤、麻、麻／涤等原料，也可采用超细涤纶、天丝、竹浆纤维等新型纤维材料。

下面我们对三种在生活中常见的原料的性能提高来进行分析，具体内容如下。

1.丝型织物

这在我们生活中其实是非常常见的，比如说各种长丝类产品，除了蚕丝以外，还大量采用化纤丝，最常用的有涤纶丝、锦纶丝和黏胶丝。除了纯蚕丝和纯化纤丝产品外，还可根据产品性能和风格要求选用不同长丝或长丝和短纤维交织，以降低成本并改善性能。

2.毛型织物

毛型织物中，各种纺织原料的应用也很多。为了弥补羊毛纤维成本较高、洗可穿性差等弱点，常加入涤纶以改善洗可穿性，加入黏胶、腈纶可降低成本，加入大豆蛋白纤维、天丝等可改善手感和光泽，加入羊绒可提高产品整体档次。在毛型织物中加入化学纤维还可以提高纤维的可纺性和条干均匀度。

3.棉型织物

在实际使用中，除了大量采用棉纤维作为原料外，由于棉型材料的棉纤维性能并不是很强，为了弥补这其中的不足，设计中常加入其他纤维混纺或交织。比如说加入涤纶以改善弹性；采用涤纶长丝作为芯丝开发包芯纱产品，以改善弹性，提高抗皱性；采用氨纶长丝作为芯丝开发弹力产品；加入黏胶，改善手感；加入天丝、莫代尔、竹浆纤维、大豆蛋白纤维、牛奶蛋白纤维，改善手感和光泽；加入麻纤维，改善抗皱性和硬挺度；采用棉/麻/涤、棉涤竹浆等多种纤维混纺也逐渐增多。在棉型织物中，几乎现有的纺织纤维都有应用。

第四节　纺织品的纱线设计

在纺织品纱线的设计中，我们主要针对纱线的捻向与纱线的捻度来进行分析，具体内容如下。

一、纱线的捻向

在实际设计中，利用不同捻向的经纬纱和不同织物组织的配合，可以开发出具有不同外观效应的织物。

1.捻向与织纹

由于纱线捻向不同，纤维在纱条中的走向不同，对光线的反射方向不同，会影响织物表面的光泽与纹路的清晰程度。在设计产品时，应根据产品的风格要求，合理地配置纱线捻向与组织，以获得产品所要求的或织纹清晰、条格隐现或织物表面光滑平整的效果。

织物表面有经纬纱浮长线，这些浮长线浮在织物表面的每一纱线段上，在光线照射下，在一定区域内能看到纤维的反光，各根纤维的反光部分排列成带状，称作"反光带"。如图 2-4-1 所示，由纤维反光构成的反光带的倾斜方向与纱线捻向相反，即反光带的倾斜方向与纤维斜向相交。

织物的组织结构和经纬纱原料等条件相同的纱线浮长段，在同样的光照条件下，其反光特征相同。但是，如果组织的织纹方向不同，会得到一个斜纹清晰而另一个斜纹不清晰的结果。

（1）缎纹织物。通常，缎纹织物有经面缎纹与纬面缎纹两种，缎纹织物的表面又有要求显斜纹与不显斜纹之分。一般来说，要求表面光泽好、不显纹路的，缎纹织物的支持面上的纱线的捻向应与浮长线的纹路倾向一致；而要求纹路清晰突出的直贡缎，则应使支持面纱线的捻向与由浮长线构成的纹路倾向相垂直。

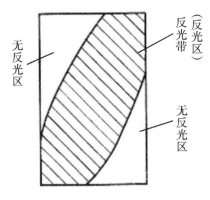

图 2-4-1　反光带

如图 2-4-2 中所示为五枚纬面缎纹，若纬纱都为 Z 捻，由于图中(a)织物的织纹斜向与支持面纬纱的 Z 捻向相同，则织物表面光泽好、不显纹路，而(b)织物的纹路则明显。

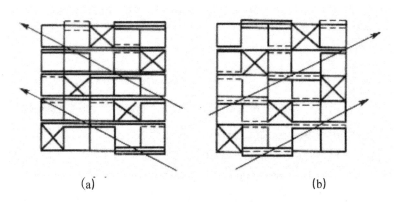

(a)　　　　　　　　　　　　　　　　　(b)

图 2-4-2　五枚纬面缎纹

在缎纹织物中，经面缎纹一般经密大于纬密，经纱为支持面纱线，织物表面能否呈现斜向纹路主要取决于经纱的捻向与经浮长线的纹路倾向的

（2）斜纹织物。以斜纹组织的单纱织物为例，如图 2-4-3 （a）所示，图 2-4-3 （b）为，其经密都大于纬密，经纱捻向为 Z，反光带为左斜，每一经纱浮长段上的反光形状、面积均相同，但图中(a)织物给人以良好的斜纹效果，(b)织物的斜纹则给人模糊不清的感觉。其原因是：(a)织物的织纹斜向与纱线反光带的斜向一致，相邻经纱的浮长段上的反光带间紧密

连接成一体；而(b)织物的织纹斜向与反光带的斜向相反，因而使相邻经纱的浮长段上的反光带之间被无反光区隔开，导致斜纹模糊。因此，要获得清晰明显的斜纹效应，必须使织纹的斜向与反光带的斜向一致，即织纹斜向与纱线捻向相反。

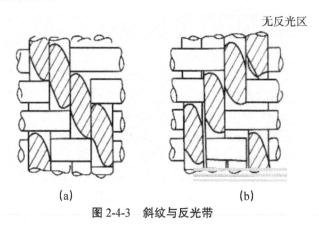

图 2-4-3　斜纹与反光带

2.捻向的选择

如图 2-4-4（a）所示经纬纱为异捻向配合，其经纬交织点在接触处纤维相互交叉，经纬纱间缠合性差，其组织点因屈曲大而突出，手感较松厚而柔软，其厚度比经纬纱同捻向的织物要厚，染色均匀。

而图 2-4-4（b）所示经纬纱在织物表面的排列方向不同，织物表面反光散乱，光泽柔和，经纬纱交织处纤维相互平行，利于相互啮合，经纬纱间不易滑移，织物紧密、坚牢，手感较硬挺。

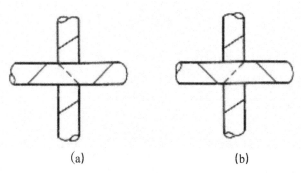

图 2-4-4　经纬捻向

一般情况下，线织物，单纱常采用 Z 捻，股线则用 S 捻，利用单纱与股线的捻向相反来达到股线结构的稳定。但对于轻薄、挺爽织物与绉织物。为保证产品风格，则常采用股线与单纱 Z—Z 同向捻，如棉织中的巴厘纱、毛织中的台茸绸等。

二、纱线的捻度

纱线的捻度对织物的强力、弹性、耐磨性、外观及手感都有明显影响。设计时应根据织物经、纬纱原料的种类、纤维长度及织物的特点，对纱线的捻度提出一定的要求。

在临界捻度范围内，适当增加纱线捻度，纱线紧度增加，直径减小，能提高织物的强力和弹性，身骨、透气性改善，但捻度过大会导致织物手感变硬挺，光泽较弱，缩水率增加；捻度偏小的织物手感柔软，光泽较好，但强力、身骨较差。因此，要求风格为薄爽、硬挺、弹性好的织物，捻度应适当加大；要求风格为柔软、丰满、光泽好的织物则应采用较低捻度。

在织造过程中，由于经纱反复承受较大的张力和摩擦，对纱线的强力要求较高，所以一般经纱捻度略高于纬纱捻度。

织物采用股线制织时，线与纱的捻度配合对织物的强力、耐磨性、光泽和手感均有一定影响。当股线与单纱的捻系数比值为 1.2~1.4 时，股线强力最高；当捻系数比值为 1 时，则表面纤维平行于股线轴心线，纱线光泽好，且纱线的结构较紧密。由于股线在并捻过程中其单纱已除去部分杂质，表面毛茸减少，所以线织物的耐磨性、手感与光泽均优于纱织物。

第三章　色彩的原理及其视觉规律

本章主要围绕色彩的原理及其视觉规律进行具体的阐述，内容包括色彩的分类、属性与体系，色彩的视觉生理规律与视觉心理现象以及纺织品色彩的形成与配合。

第一节　色彩的分类、属性与体系

一、色彩的分类

自然界中有很多色彩，主要分为两大类：无彩色系和有彩色系。

（一）无彩色系

无彩色系是指黑、白两色及由黑、白两色混合成的各种深浅不同的灰色系列。由白色渐变到浅灰、中灰、深灰，直到黑色，称为黑白系列。无彩色系只有明度的变化。

（二）有彩色系

光谱中的全部色彩都属于有彩色。有彩色系具有色彩的三要素，即色相、明度和纯度。物体呈现彩色的原因在于，这是它对可见光内某一段波长的光具有明显的选择性吸收的结果。例如，黄色染料对 400～420nm 波段的蓝色光比对其他波长的光有比较强的吸收力，当该染料通过染色加工施加到纺织品上时，纺织品呈现黄色色光。

二、色彩的属性

（一）色彩三要素

色相、明度与纯度，是色彩的三要素。下面，我们主要围绕这三点进行具体探讨。

1.色相

从光学角度看，色相❶（Hue）差别是由于光的波长长短不同产生的，色彩的相貌是以红、橙、黄、绿、青、蓝、紫的光谱色为基本色相，一定波长的光或某些不同波长的光混合，呈现出不同的色彩表现，这些色彩表现就称为色相。

2.明度

实际上，明度❷（Value）共有三种情况，具体如下。

（1）同一种色相，由于光源强弱的变化会产生明度的不同变化。

（2）同一色相的明度变化，是由同一色相加上不同比例的黑、白、灰而产生的。

（3）在光源色相同情况下，各种不同色相之间明度不同。

在无彩色中，白色明度最高，黑色明度最低，在白色与黑色之间存在一系列的灰色，靠近白色的是明灰色，靠近黑色的是暗灰色。在有彩色系中，最明亮的是黄色，最暗的是紫色。因此，这两种颜色是彩色的色环中划分明、暗的中轴线。

在色彩三要素中，最具有独立性的就是明度。其原因在于，它能只通过黑白灰的关系单独呈现出来。任何一种有彩色，当掺入白色时，明度就会提高；当掺入黑色时，明度会降低；掺入灰色时，即得出相对应的明度色。可见，色相与纯度的显现依赖于明暗。如果色彩有所变化，那么明暗关系也会随之改变。

---

❶色相是指色彩的不同相貌，是色彩最主要的特征，也是区分色彩的主要依据。

❷对于色调相同的色彩来说，如果光波的反射率、透射率或是辐射光能力不同，最终的视觉效果也不同，这个变化的量称为明度。明度是指色彩的明暗程度。

3.纯度

纯度❶（Chroma）属于有彩色范围内的关系，取决于可见光波长的单纯程度。当波长相当混杂时，就是无纯度的白光了。在色彩中，红、橙、黄、绿、青、蓝、紫等基本色相纯度最高，在纯色颜料中加入白色或黑色后饱和度就会降低，黑、白、灰色纯度等于零。

一个纯色加白色后所得的明色，与加黑色后所得的暗色，都称为清色；在一个纯色中，如果同时加入白色和黑色所得到的灰色，称为浊色。两者相比之下，明度上可以一样，但纯度上清色比浊色高。纯度变化的色，可通过以下三种方式产生。

（1）三原色互混。

（2）用某一纯色直接加白、黑或灰。

（3）通过补色相混。

需注意一点，即色相的纯度与明度不一定是正比关系，前者高并不意味着后者也高。

用颜料或染料的着色物的反射光可分解为两部分——色光与白光。色光越多，白光越少，该颜色的纯度就越高。非高纯度的色，是人视觉能感受的主要色彩，即大多数是含灰的色，有了纯度的变化，才使色彩变得丰富多彩。由此可见，色彩纯度的选择是决定颜色的主要因素。

（二）色调

按照色彩三要素，色调❷共有三种分类方法，具体如下。

（1）按照色相，可划分为红色调、黄色调、绿色调、蓝色调等。

（2）按照明度，可划分为明色调、暗色调、灰色调等。

（3）按照纯度，可划分为清色调、浊色调等。

色调表现了色彩设计者的情感、趣味、心情、意境等心理特征，对于纺织品色彩设计来说，每种面料一般首先要确定一种基本色调，然后在此基础上进行变化。

---

❶纯度又称饱和度，是指反射或透射光线接近光谱色的程度。但凡是有纯度的色彩，必有相应的色相感，某颜色的色相感表现越明显，其纯度值就越高。

❷色调是指色彩的外观特征和基本倾向，色调是由色彩的三要素决定的。

三、色彩的体系

色彩体系❶的建立，对于研究色彩及其实际应用具有十分重要的意义。

经过长期的分析与研究，我们对色彩体系的类型做出了总结，主要归纳为以下三个方面。

（一）表色体系

把原色的色料加上黑、白色调制混合，制成物体色，即构成表色体系。各色的色相、明度、纯度各自有一定的标记方法，且划分为一定等级。蒙赛尔色立体、奥斯特瓦尔德色立体、日本色彩研究所的色立体（图 3-1-1）等，都是表色体系的代表。

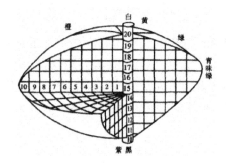

图 3-1-1　日本色彩研究所的色立体

（二）色名体系

众所周知，色彩多种多样、数不胜数。为了正确地表达和应用色彩，每种色彩都用一个名称来表示，这种体系叫作色名体系。把物体色按照一定的要求划分成色别，并给予相应的名称，这种方法叫色名法。色名法共分为以下两种。

（1）自然色名法，即使用自然景色、植物、动物、矿物色彩等来表达色彩的方法，如海蓝色、宝石蓝、橘黄色、象牙白、蛋清色等。

---

❶所谓色彩体系，是指按照一定的规律和秩序，将千变万化的色彩按照它们各自的特性进行排列，并加以命名。

（2）系统化色名法，即在色相加修饰语的基础上，再加上明度和纯度的修饰语，如淡褐色、暗紫色、黄绿色等。通过色调的倾向以及明度和纯度的修饰来表达色彩就更加精确了。国际颜色协会（ISCC）和美国国家标准局共同确定并颁布了 267 个适用于非发光物质的标准颜色名称（简称 ISCC—NBS 色名），由于篇幅的限制，在此这里不多加论述。

（三）混合体系

从字面上我们就能大致看出混合体系的概念，它就是借原色色光混合而成的色彩体系，主要用于表示色光。国际照明委员会的 CIE 表色系是这种体系的主要代表。

第二节　色彩的视觉生理规律与视觉心理现象

以上对色彩的分类、属性与体系做出了一番探讨，想必每位读者对这部分内容已经有了更加深入的认识。下面，主要围绕色彩的视觉生理规律与视觉心理现象进行具体论述。

一、色彩的视觉生理规律

众所周知，光是色彩这种物理现象的本质。人们所看到的各种颜色，是光、物体、人的视觉器官三者之间关系的产物。色彩是色光所引起的视觉反应，没有视知觉的先天盲人，就无法想象和理解色彩；有视知觉，但没有色彩视知觉的色盲者，也无法辨认和感觉色彩。然而，人们的视知觉是建立在人的视觉器官的生理基础上的。为了更加深入地研究和应用色彩，应对色彩的视觉生理机制与视觉生理现象有所了解。

（一）色彩的视觉生理机制

1.人眼的构造

人眼的外形呈球状，故称眼球。眼球内具有特殊的折射系统，使进入眼内的可见光汇聚在视网膜上。视网膜上含有感光细胞，即视杆细胞和视锥细胞。它们把接收到的色光信号传到神经节细胞上，又由视神经传到大脑皮层枕叶视觉中枢神经，色感就这样产生了。

　　眼球的构造如图 3-2-1 所示。眼球壁由三层膜组成的。外层是坚韧囊壳，保护眼的内部，称为纤维膜，它的前 1/6 为角膜，后 5/6 为白色不透明的巩膜。角膜俗称眼白，光由这里折射进入眼球而成像。中层总称葡萄膜，颜色像黑紫葡萄，由前向后分为三部分，即虹膜、睫状肌和脉络膜。虹膜能控制瞳孔的大小，光线较强时，瞳孔变小，反之则变大。因此，虹膜能调节进入眼球的进光量。在眼球的内侧有视网膜，是感受物体形与色的主要部分。物体在视网膜上形成倒立的影像。

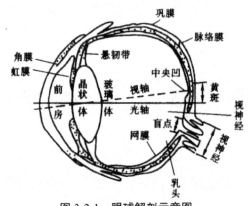

图 3-2-1　眼球解剖示意图

　　物体在视网膜上成像要通过水晶体、玻璃体、黄斑、中央凹等的共同作用来完成。光通过水晶体的折射，传给视网膜。水晶体能对焦距加以调整，作用与透镜相差无几。水晶体内含黄色素，黄色素的含量随年龄的增加而增加，对人们对色彩的视觉感受产生影响。光必须通过玻璃体才能到达视网膜，玻璃体带有色素，这种色素随年龄和环境的不同而变化。黄斑位于瞳孔视轴所指之处，即视锥细胞和视杆细胞最集中的地方，是视觉最敏感的位置，影响着人对色彩的感觉。黄斑下方是视神经，是物体在视网膜上刺激信息传入大脑视觉中枢的通道；其入口处呈乳头状，因缺少视觉细胞而没有视觉能力，故称为盲点。视网膜的上方是中央凹，这里是看到物体最清晰的位置，即物体影像与中央凹的距离越远，就越显得模糊。

　　眼睛的感光是由视网膜上的视觉细胞所致，即视锥细胞与视杆细胞。视锥细胞主要集中在中央凹内，含有三种感光蛋白原，分别接受红、绿、蓝三种色的感光作用，与色光的三原色相对应。它在强光下有着十分灵敏的感觉，能感觉色彩信息。视杆细胞主要分布在视网膜边缘，是人眼适应夜间活动的视觉机制，对色彩的明暗有着敏锐的感觉，可感受到弱光的刺激，在弱光下能辨别明暗关系，但不能分辨色相关系。

视杆细胞与视锥细胞共同完成物体的明暗度与彩色关系的视觉感受。视杆细胞多，则在弱光下视觉反映较强，反之则较差。靠近眼球前方各处有很多视杆细胞，但视锥细胞很少。每个人由于视锥细胞与视杆细胞的多少不同而形成个人之间的视觉差异。因此，人与人对色彩的认知不会完全相同。

2.视觉过程

色彩，是人对世界认识的第一步。视觉的产生要经历这样的过程：首先要有光源把物体照亮，物体表面就会有光散射出来，散射出来的光投射到人眼睛的视网膜上，通过视网膜上的感光细胞把信号传递给大脑，经大脑分析判断后，就产生了视觉。入射光到达视网膜之前，折射主要发生在角膜和水晶体的两个面上。由于眼睛内部各处的距离都固定不变，只有水晶体可以凸出，故依靠水晶体曲率的调节可以使影像聚集在视网膜上。

视觉功能正常的人，物体影像投入眼球后，经折射正好聚焦在视网膜的感光细胞上。而视觉功能有障碍者，聚焦会自动落在感光细胞靠前或靠后的位置，这也是形成近视或远视的主要原因。人随着年龄的增长，眼球中的水晶体的弹性逐步减弱，调节能力也不像年轻时那么强，因此产生老年远视的视觉生理状态。老人看近处的物体常须借助聚光眼镜，将近处的光收拢后射入眼球，才能使物体在视网膜上成像。

（二）色彩的视觉生理现象

实际上，色彩的三要素在不同光源下产生复杂的变化时，在视觉生理上的反应也是错综复杂的。下面主要围绕色彩的视觉生理现象进行具体的阐述。

1.视阈与色阈

所谓视阈就是人的眼睛在固定条件下能够观察到的视野范围。视阈内的物体投射在视觉器官的中央凹时，物像最清晰；视阈外的物体则呈模糊不清状态。视阈的范围因刺激的东西不同而有所不同。人的视觉器官的解剖特征和心理、生理特征，是视野大小的决定因素。

所谓色阈就是人眼对色彩的敏感区域。由于视锥细胞中的感光蛋白原分布情况不同，而形成一定的感色区域。中央凹是色彩感应最敏感的区域，由中央凹向外扩散，感红能力首先消失，最后是感蓝能力的消失。色彩的视觉范围小于视阈，其原因在于，视锥细胞在视网膜上的分布、颜色不同，视觉范围也不尽相同。

2.视觉适应

经过长期的分析与研究，人们对视觉适应❶的所有情况做出了总结，主要归纳为以下三个方面。

（1）明暗适应。在日常生活中，当你从亮处走进暗室时，开始什么也看不清，后来逐渐恢复正常视觉，这种现象叫作暗适应；反之，当我们从暗处走向亮处时，开始会感到耀眼，什么都看不清，后来逐渐恢复正常视觉，这种现象叫明适应。

在暗适应的过程中，眼睛的瞳孔直径扩大，使进入眼球的光线增加10～20倍，视网膜上的视杆细胞迅速兴奋，视敏度不断提高，从而获得清晰的视觉。这一过程大约需要5～10分钟。明适应是视网膜在光刺激由弱到强的过程中，视锥细胞和视杆细胞的功能迅速转换。与暗适应相比较而言，其适应时间要短很多，大约只需2秒。

（2）颜色适应。在太阳光下观察一个物体，然后马上移至室内白炽灯下观察，开始时，室内照明看起来会带有黄色，物体的颜色也带有黄色，几分钟后，当眼睛适应室内的灯光环境后，刚转移进来时的黄色感觉渐渐消失，室内照明也慢慢趋向白色。这种人眼在颜色刺激作用下所造成的颜色视觉变化称为颜色适应。

（3）距离适应。人眼具有自动调节焦距的功能。晶状体可以通过眼部肌肉自由改变厚度来调节焦距，使物像在视网膜上始终保持清晰的影像。因此，在一定的视觉范围内，眼睛能看清楚不同距离的物体。

3.视觉后像与视觉平衡

当外界物体的视觉刺激作用停止以后，在眼睛视网膜上的影像感觉并不会立刻消失，这种视觉现象叫作视觉后像。如果眼睛连续注视两个景物，即先看一个景物后再转移看另一个景物，视觉会产生相继对比，因此又称为连续对比。视觉后像分为以下两种。

（1）正后像。当视觉神经兴奋尚未达到高峰，由于视觉惯性作用残留的后像叫正后像。比如，你在电灯前闭眼3分钟，突然睁开注视电灯两三秒，然后再闭上眼睛，那么在暗的背景上将出现电灯光的影像。也就是说，正后像就是物体的形与色在停止视觉刺激后，仍暂时有所保留的现象。

---

❶所谓视觉适应，就是人的感觉器官适应能力在视觉生理上的反应。

（2）负后像。正后像是神经正在兴奋而尚未完成引起的，负后像❶则是神经兴奋过度所引起的，因此二者相反，负后像的色彩反映为原物色的补色。负后像反映的强弱与观察物体的时间成正比，观察时间越长，负后像越强。当你长时间凝视一个红色方块后，再把目光迅速转移到一张灰白纸上时，将会出现一个绿色方块。由此推理，当你长时间凝视一个红色方块后，再转向绿色时，绿色感觉更绿；如果将视线移向黄色背景，那么黄色上会带有绿色。同理，灰色的背景上，如果注视白色（或黑色）方块，迅速抽去白色（或黑色）方块，灰底上将呈现较暗（或较亮）的方块。

色彩中的负后像是色相的补色，是由视觉生理与视觉心理平衡的需要而产生的，因此又称心理补色。自然界的色彩使人的视觉器官产生色觉，同时也使大脑中枢神经产生色彩的生理平衡需求。色彩视觉上负后像的产生，就是视觉生理互补性平衡的需要。视觉负后像的干扰，往往有碍于人们对颜色的判断。如初学色彩者在练习看色时，长时间的色彩刺激会引起视觉疲劳而产生后像，降低感受色彩的灵敏度与分辨能力。为了避免这种情况的发生，我们在观察和看色时，要对节奏加以把握。

为了保持视觉生理的互补性平衡，在色彩设计时必须使色彩搭配协调。中性灰（即5级灰），是人眼对色彩明度的舒适要求。其原因在于，它符合视锥细胞感光蛋白原的平均消耗量，又不会刺激人眼。此外，能产生视觉生理平衡效果的多种色彩组合，亦可符合要求。

4.色彩的前进感与后退感

从生理学上讲，人眼晶状体的调节作用对距离的变化十分灵敏，但它存在限度——无法正确调节波长微小的差异。眼睛在同一距离观察不同波长的色彩时，波长长的暖色在视网膜上形成内侧影像；波长短的冷色则形成外侧影像。这也是暖色"前进"、冷色"后退"的主要原因。

色彩对比的知觉度，也在一定程度上影响着色彩的前进感与后退感。通常情况下，对比度强、明快、高纯度的色彩具有前进感，对比度弱、暗淡、低纯度的色彩具有后退感。在纺织品设计中，可以利用这一原理使纺织品的立体感、层次感得到增强。

5.色彩的膨胀感与收缩感

不同的色彩会产生不同的膨胀感与收缩感，导致面积错视现象。当各种不同波长的光同时通过水晶体时，聚集点并不完全在视网膜的一个平面

---

❶所谓负后像，是指由于视觉神经兴奋过度而产生疲劳并诱导出相反的结果。

上。因此，视网膜上的影像的清晰度就有一定的差别。长波长的暖色影像在视网膜后方，焦距不准确，因而在视网膜上所形成的影像模糊不清，具有一种扩散性；而短波长的冷色影像就比较清晰，似乎具有某种收缩性。所以，我们平时在凝视红色的时候，时间长了会产生眩晕现象。如果我们改看青色，那么这种现象就会消失。如果将红色与蓝色对照着看，由于色彩同时对比的作用，其面积错视现象就会更加明显。

明度，也在一定程度上影响着色彩的膨胀感与收缩感。明度高的色彩有扩张、膨胀感；明度低有收缩感。有光亮的物体在视网膜上所形成影像的轮廓外似乎有一圈光圈围绕着，使物体在视网膜上的影像轮廓有所扩大。比如，通电发亮的电灯的钨丝比通电前的钨丝似乎要粗得多，生理物理学上称这种现象为"光渗"现象。

如图 3-2-2 所示，宽度相同的印花黑白条纹布，感觉上白条总比黑条宽；同样大小的黑白方格，白方格要比黑方格略大一些，这也是因为明度不同，色彩的膨胀与收缩感不同。

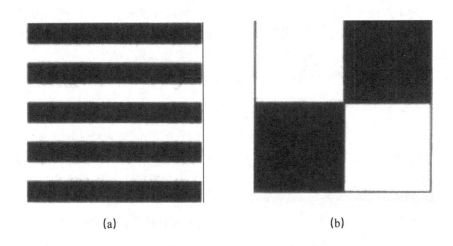

(a)　　　　　　　　　　　(b)

图 3-2-2 明度对比形成的膨胀与收缩感

二、色彩的视觉心理现象

色彩作为自然界的客观存在，本身是不具有思想感情的。但在人类认识和改造客观世界的过程中，自然景物的色彩逐步给人造成了一定的心理影响，使人产生了冷暖、远近、轻重等感受，并由色彩产生了种种联想。下面主要围绕色彩的视觉心理现象进行具体的阐述。

（一）色彩组合与心理效应

色彩是大自然的产物，会对人的心理产生一定的影响，有必要对其做出研究。

1.色彩的冷暖感

色彩本身并无冷暖的区分，其冷暖感是人类从长期生活感受中取得的经验：红、橙、黄像火焰，给人以暖和感；绿、蓝、蓝绿，像海洋、冰川，给人以凉爽感。从色相上看，红、橙、黄等暖色系给人以暖和感，相反，绿、蓝、蓝绿等冷色系给人以凉爽感；在纯度上，纯度越高的色彩越趋暖和感，而明度越高的色彩越有凉爽感，明度低的色彩则有暖和感。无彩色总的来说偏冷，黑色则呈中性。

在纺织与服装设计上，色彩的冷暖感很重要。夏天的服装设计成冷色调，则会给人带来凉爽的感觉；冬天的服装设计成暖色调，则会给人带来温暖的感觉。

2.色彩的轻重感

色彩可以改变物体的轻重感，色彩轻重的视觉心理感受与明度有直接的关系。明度高的色彩给人以轻的感觉，如白色、浅蓝色、天蓝色、粉绿、淡红等；而明度低的颜色给人以重的感觉，如黑色等。如图 3-2-3 所示，两个体积、质量相等的皮箱，分别涂以黑色、白色，然后用手提、目测两种方法判断木箱的质量。结果发现，仅凭目测难以对质量做出准确的判断，可是利用木箱的颜色却能够得到轻重的感觉：浅色密度小，使人产生轻盈感；深色密度大，使人产生厚重感。

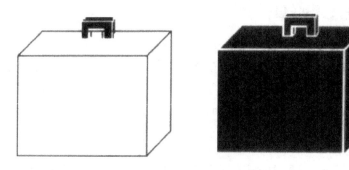

图 3-2-3　色彩轻重的心理效应

在日常生活中，色彩的轻重感有着广泛的应用。比如，冰箱是白色的，不仅让人感到清洁、美观，也让人感到轻巧些；保险柜、保险箱都漆成深绿色、深灰色，其质量与冰箱相差无几，但看上去很有安全感，因为感觉厚重得多。

3.色彩的兴奋与沉静感

色彩可以给人带来兴奋与沉静的感觉。明亮、艳丽、温暖的色彩能使人兴奋；深暗、混浊、寒冷的色彩，能使人安静。诸如红、黄等颜色，都能引起人们精神的振奋。逢年过节，我国往往以红色装扮，以营造喜庆的氛围。蓝、蓝绿等颜色让人感到安静，甚至让人感到有点寂寞，这种颜色就被称为"沉静色"。从色彩的明度上看，高明度色会产生兴奋感；中、低明度则有沉静感。纯度对兴奋与沉静的心理效应影响最显著，纯度越低，沉静感越强；反之，纯度越高，兴奋感越强。

4.色彩的华丽与朴实感

色彩可以给人带来华丽与质朴的感觉。通常，同一色相的色彩，纯度越高，色彩越华丽；纯度越低，色彩越朴实。

明度的变化也会让人产生这种感觉，明度高的色即使纯度较低也给人艳丽的感觉。所以，色彩的华丽、朴实与否，主要取决于色彩的纯度和明度。高纯度、高明度的色彩显得华丽。

在色彩组合上，色彩多且鲜艳、明亮，则呈现华丽感；色彩少且混浊、深暗则呈现质朴感。色彩的华丽和质朴与对比度之间也有关联，对比强烈的组合有华丽感；对比弱的组合有质朴感。因此，色彩的华丽与朴实取决于对比。此外，色彩的华丽与质朴与心理因素相关，华丽的色彩一般和动态、快活的感情关系密切；朴实与静态的抑郁感情有着紧密的联系。

（二）色彩联想

色彩联想❶受诸如个性、生活习惯、记忆、年龄、性别等多方面因素的影响。如中学生看到白色，容易联想到墙、白雪、白兔等；成年人可能会想到护士、白房子等。经过长期的分析与研究，我们对色彩的联想做出了总结，主要归纳为以下两个方面。

---

❶所谓色彩联想是指，当人们看到色彩时，总是回忆起某些与此色彩相关的事物，因而产生一连串观念和情绪的变化。

1.具体联想

所谓色彩的具体联想，是指由看到的色彩联想到具体的事物。日本色彩学家冢田氏用 83 种颜色的色纸，对不同年龄、不同性别的人进行调查，调查结果如表 3-2-1 所示。

表 3-2-1 男女小学生、青年对色彩的具体联想

颜色	小学生		青年	
	男	女	男	女
白	雪、白纸	雪、白兔	雪、白云	雪、砂糖
灰	鼠、灰	鼠、阴暗的天空	灰、混凝土	阴暗的天空、秋空
黑	夜、炭	头发、炭	夜、洋伞	墨、西服
红	苹果、太阳	洋服、郁金香	血、红旗	口红、红靴
橙	橘子、柿子	橘子、胡萝卜	橘橙、果汁	橘子、砖
褐	土、树干	土、巧克力	土、皮箱	靴子、栗子
黄	向日葵、香蕉	菜花、蒲公英	月亮、鸡雏	月亮、柠檬
绿	山、树叶	草、草坪	蚊帐、树叶	草、毛衣
青	大海、天空	天空、水	大海、秋天的天空	大海、湖水
紫	葡萄、紫菜	葡萄、桔梗	礼服、裙子	茄子、紫藤

2.抽象联想

所谓色彩的抽象联想，是指由看到的色彩直接联想到某种抽象的概念。通常，儿童多产生具体联想，成年人多产生抽象联想。显而易见，人对色彩的认识，随着年龄、智力、经历的增长而发展。

（三）色彩的象征

所谓色彩的象征性，是指以高度的概括性和表现力来表现色彩的思想和感情，是一种思维方式。各个民族、各个国家由于环境、文化、传统、宗教等因素的不同，其色彩的象征性也存在着较大的差异。充分运用色彩的象征意义，可以使所设计的纺织品具有深刻的艺术内涵，使其文化品位得到极大提升。

以红色为例，我国逢年过节就张灯结彩，红旗飘扬，呈现一派欢庆热闹的气象。我国民间婚庆喜事都用红色；现代举行婚礼，新郎、新娘都要胸别一朵红花，穿红色的服饰。此外，中国人以"红双喜"作为婚礼的传统象征。

在中国的封建社会，服装色彩是等级差别的象征和标志。黄色和紫色最为尊贵，是高贵、尊严的象征。如故宫称为紫禁城；帝王则以黄色作为皇权的象征。

在许多国家，认为红、黄、黑带有消极意义。委内瑞拉对色彩的感情是很浓厚的，并且已介入了社会的政治生活。如红、白、绿、茶、黑曾分别代表这个国家的五大政党，政治气氛很浓，一般避免使用。丹麦认为红、白、蓝是积极色调。罗马尼亚将红色视为爱情。挪威十分喜爱鲜明的色彩，特别是红、蓝、绿三色。而美国有些地方不喜欢红色，因为它在商业领域有赤字的含义。

在欧洲，人们对色彩具有浓厚的感情，习惯于用不同颜色表示不同日期。比如，星期日为黄色或金黄色，星期一为白色或银色，星期二为红色，星期三为绿色，星期四为紫色，星期五为青色，星期六为黑色。

总而言之，色彩的象征意义十分重要。因此，在进行纺织品设计时，要考虑这方面的内容。

第三节　纺织品色彩的形成与配合

一、纺织品色彩的形成

纺织品表面的色彩或是天然形成，或通过人工染色而获得。织物表面的色彩效果与面料材质、组织结构、选用的染料、染色工艺以及外界光源等息息相关（图 3-3-1）。

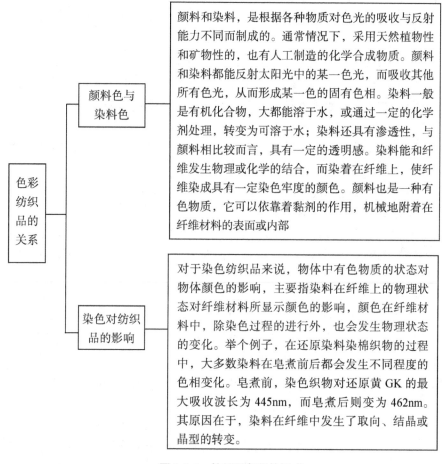

颜料和染料，是根据各种物质对色光的吸收与反射能力不同而制成的。通常情况下，采用天然植物性和矿物性的，也有人工制造的化学合成物质。颜料和染料都能反射太阳光中的某一色光，而吸收其他所有色光，从而形成某一色的固有色相。染料一般是有机化合物，大都能溶于水，或通过一定的化学剂处理，转变为可溶于水；染料还具有渗透性，与颜料相比较而言，具有一定的透明感。染料能和纤维发生物理或化学的结合，而染着在纤维上，使纤维染成具有一定染色牢度的颜色。颜料也是一种有色物质，它可以依靠着黏剂的作用，机械地附着在纤维材料的表面或内部

对于染色纺织品来说，物体中有色物质的状态对物体颜色的影响，主要指染料在纤维上的物理状态对纤维材料所显示颜色的影响，颜色在纤维材料中，除染色过程的进行外，也会发生物理状态的变化。举个例子，在还原染料染棉织物的过程中，大多数染料在皂煮前后都会发生不同程度的色相变化。皂煮前，染色织物对还原黄 GK 的最大吸收波长为 445nm，而皂煮后则变为 462nm。其原因在于，染料在纤维中发生了取向、结晶或晶型的转变。

图 3-3-1 纺织品色彩的形成

二、纺织品色彩的配合

（一）纺织品配色美的原则

在进行面料着色加工和色织物设计时，常会遇到将各种色彩进行组合、搭配的问题。当两种及两种以上的色彩进行配合时，要想得到和谐、具有表现力的配色效果，就必须处理好面料中色彩的位置、空间效果、比例、节奏、秩序等的关系，以给人们的视觉与心理带来美感。这就需要我们掌握一定的配色方式和技巧，了解色彩搭配组合的规律，把握织物配色美的原则。经过长期的分析与研究，我们对纺织品配色美的原则做出了总

结，主要归纳为以下几个方面。

1.色彩的调和美原则

在纺织品配色美的众多原则中，色彩的调和美是最重要的一个。它是一个广义的概念，不仅指同类色或类似色搭配后产生的柔和色彩感觉，而且指纺织品表面色彩给人带来的舒适和悦目的感觉。这种舒适感即色彩的调和美，包含以下两方面内容。

(1) 色彩的统一，是指色彩配合的一致性，即协调性，它通常是由同类色、相邻色或近似色相互搭配得到的。

(2) 色彩的对比，是指色彩配合的差异性，通常由对比色甚至互补色配置而得到。

虽然上述两种配色方式能够给人带来不同的感觉，但是都可以达到整体调和的效果。如果将两者有机结合，那么会产生更加完美的配色效果。

2.色彩的比例美原则

比例是指色彩的整体与局部、局部与局部之间的配合关系。面料色彩的和谐与否，取决于不同色彩配合得是否匀称、恰当。除平素色织物外，各种提花、印花和色织物都由两种或两种以上色彩构成，都存在着色彩比例配置问题。各种花型图案的色彩常与地色不同，使纺织品具有强烈的美感和装饰性。色彩的比例美包括以下两方面内容。

(1) 色彩整体与局部的比例关系。在一块面料中，必然有一色起主导、支配的作用，其他各色根据面积、位置等居于从属地位。从大体上来讲，主色调的确定有以下两种方法。

①通过增加主色调色彩的面积来达到。如某印花织物，以橙色为主色调，蓝紫色、黄绿色、花朵图案为点缀色；或绿色为主色调，天蓝色、白色为点缀色；再如红色与紫红色按比例配置，织物主色调显红色。

②通过局部色彩的空间混合来达到构成主色调的目的，在色相环（图3-3-2）中间隔60°以内的两种颜色混合后可以得到较鲜艳、纯正的中间色。

(2) 不同色彩的色相、纯度和明度的比例关系。色彩面积的比例关系也影响配色的调和。掌握配色面积的大小，是配色调和的关键。就色相而言，两个色相不同的色彩相配合时，面积比例的大小直接影响其是否调和。如对比强烈的红、绿配合或黄、紫配合，若在色织物中两色纱的比例相等，就使人感觉突兀、不调和；若一色占优势，另一色处于从属地位，就会缓和矛盾，取得鲜明的色彩效果。在两色之间加上无彩色，如白、灰，也可以缓和其强烈的对比效果，使配色调和。在纯度对比中，纯度低的色面积应大于纯度高的色面积，以免产生生硬感。在明度对比中，配色可以灵活掌握，高明度与低明度色彩等量配置，可以产生强烈、醒目、明快的感觉；明度高的为主时，为高调配色，容易产生明朗、轻快的感觉；明度低的为主时，为低调配色，容易产生平和、冷静的感觉。

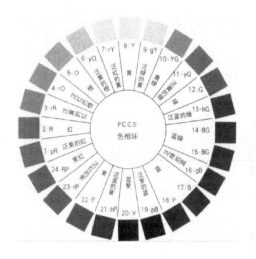

图 3-3-2　24 色相环

除此之外，色彩的比例关系还与色的形状、位置有关。如图 3-3-3 所示，两色邻近，对比程度加强；两色远离时，对比程度降低；一色置于另一色中，对比性最强。

3.色彩的强调美原则

色彩的强调[1]不仅能够吸引人的视觉注意力，还能使整幅织物配色的活力得到很大程度的提高，并可保持色彩平衡，起到调和的作用。尽管强调色的用量较少，但其色彩感觉能够对织物的色彩气氛起到决定作用。在印花织物中，根据花型需要采用少量的强调色；在色织物中，对比色的嵌条线、细小的色条等，都可以采用强调色的方法来增强织物的活泼感。通常，强调色选择与主色调相对比的调和色，以达到既对比又统一的目的。为了使强调色成为视觉中心，其用色面积一定要小。当然，现在也不

----

[1]所谓色彩的强调，是指在同一性质的色彩中适当加入少量不同性质的色，将注意力吸引到某一点，在统一中寻求变化。

乏强调色面积稍大的情况，这是为了达到新潮的配色美，体现穿着者的动感和活力的目的。在色彩使用上，可采用新的染色、印花技术，以达到特殊的色彩要求，如使用金属色、荧光色、有色涂层等，它们富有时代感，倍受年轻人青睐。

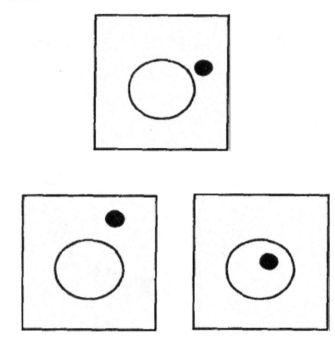

图 3-3-3 色彩配置的位置关系

4.色彩的均衡美原则

色彩的均衡❶有视觉、心理和感情均衡，它表达的方式也有多种。在视觉上除了色彩三要素的均衡外，还有色的冷暖、前后和轻重等的感觉，因为色彩不仅是一种视觉感知，还是一种心理感知，视觉平衡决定了心理的平衡。比如明度高的感觉轻；明度低的感觉重；红黄色系感觉温暖；青紫色系感觉寒冷；纯度、明度高的色彩有前进感；纯度、明度低的色彩有后退感。为了充分展示纺织品的美感，在配色时应符合人们心理因素的平衡。

对于冷暖色的搭配，因为冷色有收缩和后退感；暖色有膨胀和前进感，因此，冷色为底色，暖色为点缀色的配色方式易产生均衡感。对于深

---

❶色彩的均衡是色彩配合在人们心理上产生的安定感，是通过色彩布局的合理性和匀称性达到的。

浅、明暗色的搭配，一般浅亮色上浮，深暗色下沉，使浅色的面积增大，深色的面积缩小。在底色与点缀色面积不变的条件下，浅色底、深色为点缀色的面积要比深色底、浅色为点缀色的面积小些（图3-3-4）。

图3-3-4 色彩深浅的配置效果

在毛织物设计中，嵌条线的色彩常为中深色，而府绸织物中浅色地、深色细条的配色方法也较常见，这是为了使配色更加柔和，从而达到色彩均衡的目的。在高纯度鲜艳色与低纯度深暗色的配合中，前者色彩强，后者色彩弱，一般后者使用面积较大，而鲜艳色面积较小，即鲜艳色做点缀，容易产生强弱均衡的配色效果。

随着人的感情在不同时期、场合、条件的变化，情感均衡也会发生改变。如果色彩设计能充分表达使用者的心情、性格，就会在心理上、情感上产生平衡感和美感。例如，室内装饰织物的花型、色彩能够体现出主人的爱好、兴趣等情感特征。

总之，色彩的均衡感包括统一和变化两方面。在纺织品的色彩设计过程中，追求"统一"的感受时，应采用均衡感觉的普遍性来设计；追求"变化"的感受时，则改变其均衡性，甚至采用相反的配色模式，这就要求设计者应明确并灵活运用面料的用途、使用对象、场合等因素。

5.色彩的层次美原则

面料色彩的层次主要表现为色彩搭配产生的前后距离感和空间感。色相对比、明度对比、纯度对比、冷暖对比、深浅对比，是其主要的体现方式。对比越强，层次感也越强，反之越弱。色彩的冷暖、轻重、软硬可以形成相应的阶梯层次，点、线、面形成图案大小的层次，色彩与之相结合可以使层次感得到增强。用类似色或对比色搭配，通过组织设计可以产生放射状的空间感，具有强烈的立体感和视觉效果。不同质地的面料也会产生不同层次的视觉效果。从光泽上看，同一色相的色彩，织纹平滑、反光强烈的部分向前。所以在条格组织、联合组织和提花织物中，组织变化是非常重要的设计内容，它对花型和色彩的变化产生很大的影响。图 3-3-5 为某阴影缎纹组织，利用经纬浮长的逐渐过渡，织物表面呈现由浅到深或由深到浅的色光效果。

图 3-3-5　阴影缎纹组织

6.色彩的节奏美原则

色彩的节奏感❶，主要体现在印花织物和色织物设计中。其原因在于，色织物中色纱排列是循环的；而大部分印花织物中采用四方连续的规律，就导致了花型在面料上重复出现，从而产生节奏感。从大体上来讲，节奏感分为以下三种形式。

（1）有规律节奏。重复，是有规律节奏中最常见的一种。在色织物中，色经、色纬循环，使得色彩有规律地重复。从整幅织物上看，会在视觉上造成一种动态的反复节奏，色彩图案看起来整齐、规则，具有美感。提花织物和印花织物常常将色彩对比要素（如花型）进行方向、位置、色调、质感的交替变化，以达到不同的视觉效果。如色彩相同，花型不同；花型相同，明暗不同；花型不同，色彩也不同，等等。利用小提花组织花型循环的特点、大提花组织花型复杂的特点，以及印花织物的四方连续的特点，可使重复节奏的色彩效果具有灵活多变、可强可弱的特征。

渐变是另一种有规律的节奏，即色彩有规律地按秩序进行变化，往往体现在有规律的花型设计中，如色织条格的设计等。渐变包括三个方面，具体如下。

①色相的渐变。色相渐变应使其明度或纯度相同，否则就无法达到最佳的渐变效果。比如，彩虹的色相渐变就是一个很好的例子。

②明度渐变。按照深、中、浅不同明度的同类色依次排列，达到明度渐变的节奏感。在色织条格的明度渐变设计中，如果每种色条宽度不大，则会产生一种朦胧的视觉效果。

------

❶所谓色彩的节奏感，是指通过色彩的三要素以及花型图案的形状等方面的变化，表现出有规律的方向性、反复性和层次感。

③纯度渐变。在配色中进行由艳到灰的色彩纯度变化。在色相相同的前提下，使含灰量有规律地增加或减少，以使纯度有节奏感。

在设计渐变节奏的过程中，设计者应注意避免色与色之间的变化幅度不一致、大起大落的情况，否则就会对秩序美产生消极影响。

（2）无规律节奏。无规律节奏是一种不规则的、自由化的变化方式，常用于单独纹样的花型设计。无规律节奏在装饰织物中应用较多，如桌布、床单、窗帘等纹样的色彩搭配。服用织物中有时为了强调某一效果，也采用这一设计手法，如素色底上的单独纹样，其色彩配置常与底色产生强烈对比，以使设计效果更加显著。从视觉的角度来看，无规律节奏具有积极、跳跃的色彩效果，但其设计难度较大，对色彩的配合有着很高的要求。

（3）动感节奏。动感节奏是利用色彩空间混合原理设计的，体现在面料的使用过程中。利用动感节奏，一方面能通过距离的远近产生不同的色彩效果，如用褐色和白色小格装饰布制作室内软装饰，远看呈浅棕色调，近看则两色分明，由于所处位置不同而有统一或对比之趣。另一方面，色彩有闪烁感和颤动感，适合于表现光感和动感，用于服装上可以随着人体的活动而产生变幻和跃动的色彩效果。比如，经纬异色织物可表现织物若隐若现、光泽闪烁的效果。相近的浅色交织可以加强织物的层次感；深浅差异大的颜色交织可以表现织物的明朗靓丽感。经纬浮点的变化和经纬密度的变化，会对织物外观的整体效果产生直接影响。

7.色彩的配合美原则

色彩的配合美包括织物中各种色彩的搭配效果、应用面料时环境色彩和使用色彩的配合。面料的色彩配合是主要因素，设计者应特别注意以下两个方面的内容。

（1）用色作用的配合。在处理主辅色的关系时，切忌忽视辅色的作用。有的色彩起点缀作用，如彩点、嵌条、金银丝等；有的色彩用于勾勒轮廓，突出图案花型；有的色彩用于体现织物的风格。设计者要根据实际情况与需要，确定其用色、面积大小、线条粗细等。

（2）情调意境的配合。色与色的配合能反映某种情感或情趣，自然界中青山绿水、红花绿叶、海上日出的色彩非常自然。色彩与色彩组合与各种情调一致，才会使色彩富有生气，取得自然的美感。这是非常复杂的配合，涉及自然、社会、心理、生理等诸多因素的协调。例如，淡绿、白、柠檬黄的色彩组合代表早春情调；橙黄、黄绿、墨绿、红色的组合代表秋日艳阳，等。在面料色彩的设计过程中，设计者一定要牢牢把握色彩的配色原则与色彩组合的象征意义，并以最开阔的思路设计出具有情调美和想象力的作品。

另外，色彩的配合美还要根据面料的应用对象、使用环境、面料的质地等具体条件进行色彩设计，如服装色彩的搭配、服装色彩与穿着者的肤色和穿着场合的搭配、装饰织物的色彩配套设计等，色彩配合美包含的内容非常广泛。这就要求设计者平常要不断积累实践经验，不断提高自身审美水平，否则无法设计出具有高价值的纺织品。

（二）色彩的调和

众所周知，色与色的对比与调和关系是色彩组合设计的重要配色规律。色彩对比给纺织品以生机和活力；色彩协调则带来柔和与舒适，两者是色彩配合的两方面。下面主要围绕色彩的调和❶进行具体的阐述。在纺织面料上，色彩通过色、形、质的合理组合，会产生视觉上的美感。色彩的配合既不能单纯强调统一，也不能过分强调对比，调和介于两者之间，能使各种颜色有秩序、有节奏、相互协调。色彩调和主要分为以下两类。

1.类似调和。类似调和强调色彩关系的一致性，追求色彩关系的统一感。经过长期的分析与研究，我们对类似调和的形式做出了总结，主要归纳为以下两个方面。

（1）同一调和。 同一即无差别，在色相、明度、纯度中，有某种要素完全相同，变化其他要素，被称为同一调和。纺织面料如果具有色彩属性的同一要素，就会产生调和的美感。这种调和形式能给人带来朴素、大方、含蓄的感觉，分为以下两种类型。

①单性同一调和，即色彩三要素中有一种要素相同，包括同一明度调和（变化色相与纯度）、同一色相调和（变化明度与纯度）、同一纯度调和（变化明度与色相）。

②双性同一调和，即有两种要素相同，包括同色相、同纯度调和（变化明度）；同色相、同明度调和（变化纯度）；同明度、同纯度调和（变化色相）；无彩色系色的调和。与单性同一调和相比较而言，双性同一调和的一致性更强。

---

❶所谓色彩调和是指，由两种或两种以上的色彩合理搭配，能产生统一和谐的效果。

（2）近似调和。在色相、明度、纯度三种要素中，有某种要素近似，变化其他的要素，被称之为近似调和。由于统一的要素由同一变为近似，因此，近似调和比同一调和的色彩关系有更多的变化因素。如近似色相调和（主要变化明度、纯度）、近似明度调和（主要变化色相、纯度）、近似纯度调和（主要变化明度、色相）、近似明度和色相调和（主要变化纯度）、近似色相和纯度调和（主要变化明度）、近似明度和纯度调和（主要变化色相）。

从同一调和的混入同一调和法类推，在各色中加入近似色也能取得统一感，以获得更加丰富的效果。例如，在各配色中有的加入淡黄色，有的加入姜黄色，有的加入橘黄色等。

2.对比调和

在对比调和❶中，色相、明度、纯度三要素可能都处于对比状态，因此更赋予色彩活泼、生动、鲜明的效果。

（1）色彩要素的对比调和。对比色相的调和是对色相相对或色性相对的某类色彩，如红与绿、黄与紫、蓝与橙的调和。调和方法有以下四种。

①增加明度与纯度的共性，提高色调的一致性。比如，选用一种对比色提高其纯度，或降低另一种对比色的纯度。

②在对比色之间插入诸如黑、白、金等分割色，使其调和。

③使对比色之间具有类似色的关系，也可起到调和的作用。比如，同时混入某一色而改变双方或一方的色相、明度、纯度。对比明度的调和要用削减纯度、改变面积比等方法进行。

④采用双方面积大小不同的处理方法，以达到对比中的和谐。比如，扩大或缩小双方或一方的面积。

（2）色彩面积的调整。色彩面积的调整就是在各对比色的面积中，相互置放小面积的对比色。比如，在红绿对比中，红面积中加入小面积的绿色，绿面积中加入小面积的红色；或者在各对比色的面积中都加入同一种小面积的他色，也能使调和感得以增强。

（3）色调关系的变化。一块织物的配色会形成一种色调倾向，不同的色调倾向会产生不同的感觉。随着明度由高至低，白色含量由多至少，可以形成不同的色调，如淡色调、浅色调、亮色调、深色调等。在这一组色调中，淡色调明度最高，含白色最多，鲜艳度最低，不论选择何种色相组合，都会有柔和的效果；深色调明度最低，色彩中略含黑色，仍具有一定

---

❶所谓对比调和，是指以强调变化为前提而产生和谐的色彩组合。

程度的浓艳感，如酱红、墨绿等。由中等明度、中等纯度的色彩组成中间色调，有沉着、典雅、稳重感。浅淡的含灰色称为浅浊色，可以理解为在浅色调中加入了灰黑成分。以它为基础，逐渐降低明度依次得到油色调、暗色调、暗浊色调。

（4）调和色组合的变化。统一、朴素，是调和色组合效果的主要特点。但由于色彩之间具有更多的共同因素，所以不具有较强的对比，极易产生同化作用。在面积相当的情况下，两色差别都较模糊，易给人带来单调、缺乏力量的弱点。在过于调和的色彩组合中，有一个增强色彩活力的办法比较有效，即以对比色作为点缀，形成局部小对比；也可以用适当的色线勾出轮廓，以增加对比因素，使单调这一不足之处有所改善。

多色组合易在织物表面产生杂乱的感觉，但是如果设计巧妙，也会产生活泼的效果。三色组合，如白色、暗蓝色、暗紫色组合，或黑色、暗蓝色、淡紫色组合，都具有很好的协调感。

第四章　色彩在现代纺织品设计中的应用

　　纺织品的外观能给人以美的感受，除了精湛的加工工艺外，起重要作用的就是纺织品的色彩。色彩在织物上的效应是通过染色、印花工艺，或将色纱织入织物。或将不同色彩、种类的原料混合纺纱织造，在织物表面经光线反射，以空间对比、空间混合的形式体现出来，形成色彩调和的各种优美图案。纺织品的色彩表现包括色彩、图案、纹理等内容，因此，在产品设计开发时，除了面料的功能以外，必须设计出相应美观的花色。纺织品的特点之一是具有强烈的美观要求和装饰要求，设计成功的纺织品可以说是一件艺术品，它要求用色协调、布局合理、线条流畅、造型优美、构思奇巧、风格别致，使人在使用过程中能获得美的享受。

第一节　色彩在现代色织物设计中的应用

一、色织物色彩配合的一般规律

　　色织物的效果是由织物的色彩、图案编排和织物组织三个主要因素共同构成的。纹样排列、织物组织、色彩各个部分，从整体到局部应既统一又多变。色彩的选择应该有规律而不单调、不杂乱，它是色织物设计的重要组成部分。色彩处理对织物的整体设计有很大影响。

（一）色织物色彩配合的一般规律

　　色织物是用染色纱线织造的织物，可利用织物组织的变化和色彩的配合获得众多的花色品种。

色彩配合是色织物艺术处理的重要部分，产品设计人员对色织物每一大类品种都可以设计出大量的组织花纹，每种组织花纹可配若干套色调。在设计同一套色的配色时，色彩的变化可以多种多样。但同一套色内的各对应部分应保持不变。

1.色纱配合的方法

当织物设计运用了两种以上的色纱排列时，就存在色彩配合是否调和的问题。在设计色相、明暗、环境和面积的对比时，各方面处理是否得当，关系到对比的调和与统一。

（1）对比色的运用。色相的对比，可分为强烈对比和调和对比。如黄色与紫色、红色与绿色、蓝色与橙色等非常对立的色相构成的组合，称为补色对比搭配，即强烈对比。在色彩对比中，明暗对比、不同色相的明度对比，均有强烈的对比效果。对比配置中，当对比强烈时，要加以协调，对比色不应大面积排列，可配以少量的黑、灰等色，以降低颜色的纯度和明度。纯度强、明度接近的色彩相配合时，对比强烈，但不调和，这时可调整两色的使用面积，使一种颜色更加深沉，使另一种颜色更加明快。明度和纯度较弱的色彩对比为调和对比，同样要注意面积大小，使其配合适当。可以使纯度有差异，或加大其明暗度，也可以在两色中间加入少量邻近色，还可以用黑、白、灰、金银色作为过渡，在对比中产生调和。

明暗度接近的两色互相配合时，可取得调和的效果，织物可以给人安定、稳重的感觉，但易使花型不明确，产生呆板感。这时，可嵌入少量明暗度差别大的色纱，使织物在调和之中有对比。色距短的色彩容易取得调和、安静的效果，欲使其具有变化、生动的感觉，就必须增加色泽之间的明暗度。但明暗度不能相差过大，可采用同色相明暗过渡的方法加以缓和。

色彩的感染力常是通过对比来体现的，色相环中的对比色处于相对的位置时，其色彩对比强烈。设计时，必须突出重点色彩，使之成为织物外观的主色；也要用有适当分量的次要颜色加以烘托。但其明度不要与主色太接近，要有强弱之分，以使花纹清晰。色纱配合时，对比色运用恰当可产生明快、活泼的感觉，否则会使人感到俗气。

（2）类似色的配置。在光谱中，排列顺序临近的色，即色相环中色距在60°以内的色相配合，易给人以温和的感觉，可获得调和的效果，使配色柔和、雅致，处理恰当；可以使调和、对比同时存在，否则易平淡。比如同一色的不同深度，可获得由浅入深的绒感效果；在色相环中对称相间排列的各相邻色，可有放射感、立体感。将两色或三色合并成混合色，也可起到调和配色的目的。同一色调，采用不同的织物组织，可以获得深度不同或光泽不同的效果。

明度与纯度接近的邻近色相，如红橙之间的大红、朱红、橘红、橙黄的色彩配置；橙黄之间的橙、橘黄、中黄、浅黄、柠檬黄的色彩配置；蓝紫之间的普蓝、深蓝、紫、紫罗兰、紫红的色彩搭配等组合，也容易得到良好的调和效果，类似色配置与同一色搭配相比，更复杂，更富有变化；如果与白色一起搭配，可使其色彩既协调又鲜明。

（3）同类色的配置。运用同类色，是色相从明暗度上向深或浅两个方向发展的配置方法，容易得到统一调和的效果，设计成功率比较高。虽然它是一种稳妥的设计方法，但缺少生气。进行色彩设计时，明度不宜相差太大，应使同种色在统一中求对比；不同明度的同种色所占面积不宜相等，要求亮度较高时，可采用大面积的浅色配以小面积的深色；还要注意色光与色彩的纯度，色光区别要大；在纯度较强的底色上采用少量浅色，可增加亮度；以中间色为底色时，点缀色可浅于或深于底色；色泽的深浅程度也要有区别，以体现出层次感，如深蓝与浅蓝、深红与粉红、墨绿与淡绿等属于同一色系的组合关系，但明度不同，容易取得好的协调效果。

如果运用多种同类色进行渐变处理，层次不能太近或太远；使用比例可相同，或深色面积小、浅色面积大，从深到浅逐渐过渡，使配色效果调和、清晰。

（4）无彩色系色彩的配合。黑、白、灰属于无彩色系的颜色，它们与有彩色系的颜色相配合时，易取得调和统一的效果，所以无彩色常用来调节对比色或类似色配合产生的缺点。与白色配合，能使色彩明亮突出；与黑色配合，能使色彩质量增加；与灰色配合，能使色彩柔和、安静。使用无彩色与有彩色配合时，一般使两种色系的面积相差较大，以便产生层次感。

在色织物设计中，常采用黑白两色形成织物表面的花型效果。黑白两色强烈的对比效果非其他颜色所能比拟，其图案设计的色彩实际上只有黑色一种，而采用黑白两色只是一种表现形式和手段。黑白图案的造型是否协调完美，是通过人的视觉生理感受来体验的。通过色纱排列的变化，可以调整黑白对比的强弱，从而产生不同程度的灰，使黑白间的矛盾多元化，使得纹样色彩既鲜明强烈，又富于变化。在精纺花呢中，黑与白的配色模纹是常见品种。

2.整体色调的确定

消费者在购物时，常是"先看颜色后看花"，也就是说人们先注意织物的整体色调，即织物的主色调，然后再观察织物的花纹图案、原料、手感等因素。织物的色彩和其他物体一样，它的主色调可以使人感到冷暖、明暗。织物的色彩或美丽娇艳、生动活泼，或典雅大方、稳重含蓄，可根据产品用途和服装款式的不同而不同。例如，薄型棉织物常用于夏季面料，色泽应以中、浅色为主；裤料织物色调以中深色、中色、深色为主。在整体色调确定的基础上，还要注意色彩用色的比例和色位的配套。

（1）用色比例。用色比例指底色、陪衬色、点缀色的比例是否恰当。在设计时，体现色织物主色调的色纱在整个色纱排列中应占优势，也就是说主色的面积最大，可以是红、绿、蓝色调，或称冷暖色调，但纯度不能太大。陪衬色起衬托作用，要突出主色，赋予织物立体感，因此不能过于夺目。点缀色起点缀作用，用量虽少却很重要，因而明度、纯度要高。

（2）色位的配套。色织物的色调一般是由几种颜色简单地组合成不同的色彩效应，如横纵条纹、大小方格、大小方格的嵌套、变化的几何图案等。一般色织产品每套花样通常配 3~5 个色位，随着产品花型和类别的变化，也可以增加色位，但应注意色位之间的协调。设计色织物时，可以改变纱线的颜色、排列次序、排列根数、织物组织等因素，其变化是无穷的。但是色彩的明度、纯度和层次必须服从色彩设计时确定的主色调。

有时在各套色中主色调用两种色彩体现，即双色调。如黑白对比明显的色调常配合在一起，它们的主色调应该是黑白双色。如果织物的色彩是由几种含有共同光谱色的各种颜色配合而成，且带有某种色的倾向，它们的色调就是以此种色为基本色调。例如，某色彩含有橙、黄、绿三种光谱色，且黄色倾向较强，其基调就属于黄色。

总之，一个新产品设计成功与否，与色彩配合有很大关系，色织物的立体感，是色彩、织物组织和图案三方面相互结合的综合效果。合理运用色彩配合原则，可以满足人们对色彩美的追求。

（二）纺织品色彩设计的构思

色织产品的配色应根据不同品种、不同对象的特征而异。色彩美丽与否，不在于颜色种类的多少，而在于色彩的合理配合、主副色的搭配、流行色的运用、面料的应用等多方面因素。纺织面料的色彩构思，是存在于大脑中的思维活动，是人们对客观事物的认识与思考。它必须将色彩的基本知识、面料的实用功能和装饰功能、人的视觉生理和心理、面料材质的风格等因素综合起来考虑。色彩设计要注重灵感和色彩的启示，要发挥自身的潜力、想象力和创造力，结合自身的实际经验，运用各种设计技巧，以达到理想的配色效果。

1.色彩构思的灵感启示

所谓色彩的灵感启示就是从其他事物中获取色彩搭配的灵感从而进行色彩设计，它是在客观事物中发现创造新的色彩形象的途径。美丽的自然界蕴涵着丰富的色彩资源，是人们进行色彩设计的基础和源泉。大自然中，风景、植物、动物等的色彩千变万化，美不胜收。设计人员要善于从中分析色彩规律，汲取艺术营养，进行适当的变化和组合，运用于面料的色彩设计中。在色彩中，色调属性已成为国际流行色的主要内容，并且越来越受到人们的重视。例如，贴近自然、柔和的中色调；海洋、天空的蓝色调；小草、嫩芽的绿色调……人们在现代社会中感受着社会的发展变化、快速的工作节奏、现代的生活方式，这一切都影响着人们对色彩的感觉和追求，逐渐形成个性化的色彩趋势。银灰、棕黄系列的色彩温暖而富有感官效果，具有一种豪华感；深浅变化的驼色系列具有丰富、和谐的气氛；香蕉黄、树枝绿、胭脂红能表现出快乐、诱惑和对个性自由的渴望；灰蓝色调显得沉稳、宁静、大气，给人无限的舒适感与安全感。

社会的因素影响着人们的色彩观，不同社会环境形成了色彩流行的不同特点。设计者要加强对社会、对生活的观察，丰富自己的感受，积累设计素材。我国是一个幅员辽阔、人口众多的多民族国家，地理位置、风俗习惯、自然环境、气候的不同，造成了各地人民对色彩、服饰的不同爱好。深入分析这些复杂的社会现象，对于纺织品的色彩构思与设计具有很大的帮助。

流行色的合理运用，是纺织品色彩构思中不可缺少的一方面。不同时期人们喜爱的色彩是不同的，当某些色彩符合当时人们的爱好和心理要求时，这些色彩就具有了感染力，很容易在社会上流行，并对不同风格织物的色彩设计起决定性的作用。因此，设计者要分析色彩流行的规律，正确、灵活地运用流行色的知识，进行纺织面料的色彩构思。

面料的色彩离不开面料的应用，三大应用领域的织物对色彩的追求是不同的。在服用织物中，随着服装功能的区分，服装的类型日益增多，如职业服、休闲服、家居服、运动服等。设计师应从中得到启示，针对不同类型的服装进行不同的色彩设计，以提高设计的成功率。

总之，色彩构思的灵感来自于自然环境、使用对象、社会生活、民族风情、相关艺术等许多方面。在这些色彩资源中，只有能使人们产生共鸣的色彩才会被人们接受，才具有流行性。纺织品色彩设计要把握住面料的应用和流行色的动态，要在此基础上运用各种设计技巧，创作出新颖、美观、实用的面料色彩，以满足不同爱好者的需要。

2.纺织品色彩构思的运用

纺织品主要包括棉、毛、丝、麻等天然纤维织物和各种化学纤维织物。不同的纺织面料具有不同的色彩特点，它是一种实用工艺美术品，是艺术创作与科学技术相结合的产物。设计工作者应合理运用色彩构思，进行丰富的想象，开阔思路。色彩构思一般应包括以下几方面。

（1）掌握色彩的基本知识和色彩配合的规律，了解不同色彩对人们生理和心理的影响。如掌握色彩和季节的关系，春夏季色彩明亮、轻快，秋冬季色彩温暖、深厚。

（2）了解不同织物的风格，掌握其色彩变化的规律，使色彩设计符合产品风格的要求，可依据典型产品进行色彩的变化和设计。例如，棉型织物色彩丰富，变化灵活；毛型织物色彩典雅，能体现面料的高档感；丝织物色彩明亮，有富丽、高贵之感；麻型织物粗犷、休闲、舒适，以浅色调居多。

（3）分析各类织物的花型特点，掌握其花型、图案和色彩风格。

（4）经常分析、探索国内外花色品种的流行趋势，对畅销品种的特色、各地区的风俗习惯、气候条件、色彩偏爱等方面进行研究，使设计有的放矢。可以把国际发布的流行色加以适当的调整和筛选，制成一套色织物使用的流行色谱。此外，还要注意对服装款式的研究，使织物的色彩和风格能突出服装特色并与之相适应。

（5）熟悉各种织物组织的外观效果，掌握其色彩变化的规律；掌握各类织物的适用范围及对织物规格的要求。

（6）熟悉生产工艺，掌握新原料、新技术、新工艺、新设备的发展变化，使色彩设计与织物设计相符合，从而使产品具有独特的艺术魅力。

二、色彩在不同风格色织物设计中的应用

（一）色织物的种类及风格要求

在新产品设计中，色彩的设计离不开织物的风格和用途。色织物是采用色纺纱、染色纱、花式线和漂白纱，加以组织结构的变化织制而成的。色织物的花色品种和组织规格变化很多，应用范围很广，按织物的原料来分，有棉、毛、丝、麻、化纤等织物，可用于服用织物、装饰织物和产业用织物中。色织物的主要特点为：采用原纱染色，染料渗透性强，色泽纯正，色调鲜明，色牢度高；在生产工艺上，使用多梭箱和多臂机织造；采

用色纱和花式线及各种组织变化，弥补了原纱质量的不足，即使原纱质量较差，巧妙地运用生产工艺，也可以形成美观的织物；由于组织和色纱的相互衬托，花型图案及外观千变万化，层次清晰，立体感强，风格独特，在仿真织物风格设计上有较大的优势。色织物生产的特点是批量小，品种多，生产周期短，花样翻新快，能根据季节特征及时供应各种花色品种。色织物的分类如下。

1.按原料分

(1) 纯纺织物。经纬纱均由同种原料的纱线织制而成。如纯棉织物、纯毛织物等。

(2) 混纺织物。采用不同原料混纺而成的经纬纱织成的织物。如涤棉、涤粘、毛涤混纺织物等。

(3) 交织物。采用不同原料或不同线密度经纬纱交织而成的织物。如棉麻交织、涤麻交织、丝毛交织等产品。

(4) 纯化纤织物。采用化学纤维纱线织成的织物。在实际生产中，常采用化纤仿真的设计方法。如化纤仿毛织物、化纤仿真丝织物、化纤仿麻织物等。

2.按织物组织分

(1) 原组织织物。有平纹织物(如色织被单布、府绸、平纹起绒织物、细纺、平纹花呢、绢等)、斜纹织物(如斜纹起绒织物、花呢类织物等)、缎纹织物(如色织横贡缎、直贡缎等)。

(2) 变化组织织物。在原组织的基础上进行各种变化得到的各种织物组织。

(3) 复杂组织织物。由两个或两个以上系统的经纬纱构成的重组织、双层组织、表里换层组织、凹凸组织等，具有特殊外观效果的织物。

(4) 联合组织织物。由原组织和变化组织联合构成的各种组织。如条格组织、透孔组织、凸条组织、平纹地小提花组织、配色模纹组织等。

(5) 大提花组织织物。一般由多色经纬纱在提花织机上织造，其组织更为复杂，能织制大花纹织物，如色织提花布、织锦缎等。

3.按织物用途分

(1) 装饰用织物。有色织提花沙发布、台布、窗帘布、床上用品、墙布等。

(2) 服用织物。可分为内衣料、外衣料。内衣要求手感柔软，吸湿性好，产品主要有纱格布、薄绒布、细纺、府绸等。外衣料主要有精纺花呢、粗纺花呢、牛仔布、色织灯芯绒等产品。

（3）产业用织物。产业用织物主要以产品的功能性为主，花型图案的设计要为功能服务。一般应用于包装、劳保及防护、保健等产品中。

4.按织物风格分

织物的风格表示织物的外观风貌、穿着性能，是通过人们的触觉、视觉等对织物进行综合评价的结果。它是织物本身的客观性与人的主观感受相互结合的产物。客观性包括织物的原料性能、纱线结构、组织结构、色彩等因素。如材料的刚柔性、压缩性、回弹性、摩擦性，纱线的线密度、捻度、捻向，织物的组织、色彩的配合、织造的方法等。主观性包括视觉风格和触觉风格两部分：视觉风格是指纺织材料、组织结构、花型、颜色、光泽及其他布面特性刺激人的视觉器官产生的生理、心理反应，它与人的文化、经验、素质、情绪有关；触觉风格指织物的物理机械性能，在人手触摸、抓握织物时，织物变化产生的变化作用于人的生理和心理的反应，即织物的手感。各种色织物表面，虽然都是由不同色纱排列构成的花型图案，但由于原料不同，其风格和性能要求也不同。

（1）毛织物。毛织物分粗纺毛织物和精纺毛织物两大类。

①粗纺毛织物。粗纺毛织物品种丰富，风格特殊，织物手感柔软、厚实，呢面丰满，富有弹性，光泽自然，膘光足，保暖性好，适用制作秋冬季服装。粗纺毛织物按绒毛的表面状态可分为纹面织物、呢面织物、绒面织物三类。纹面织物表面纹路较清晰，采用不缩绒或轻缩绒的整理工艺，大部分为色织物；呢面织物表面覆有绒毛，不露地纹，采用缩绒或缩绒后轻起毛的整理工艺；绒面织物有较长的绒毛覆盖，采用缩绒起毛的整理工艺。除纯毛织物外，还有各种羊毛混纺或交织面料，以发挥其他纤维之长，补羊毛纤维之短。比如，羊毛与化纤混纺可提高织物的耐磨性、尺寸的稳定性、褶裥保形性；羊毛与其他珍稀动物毛混纺，可体现各种珍稀动物毛的光泽、手感和性能。

②精纺毛织物：精纺毛织物表面光洁、平整，织纹清晰，结构紧密，经直纬平，色彩鲜艳，色泽高雅，手感滑糯，具有高贵的羊毛风格，常用于春、夏、秋三季。其风格即通常所说的"毛型感"，它主要包括三部分。一是呢面纹理，如光面织物要求纹路清晰，光洁平整，毛纱条干均匀；呢面织物要求混色均匀，茸毛细密，紧贴呢面，不发毛，不起球。二是呢面光泽，即色光油亮，自然柔和，滋润，膘光足。三是手感，即有良好的弹性，身骨结实，柔韧丰满，活络，捏放自如。面料做成服装后要有良好的

外观保持性和折皱回复性，不缩不皱，悬垂性好但不轻飘，能够充分体现服装对人体的装饰作用。精纺毛织物中的花呢类产品，常常采用色织物的设计方法，如嵌条线的应用和色织条、格花呢等。

（2）棉型织物。棉型织物包括纯棉织物和棉混纺织物，其手感柔软，光泽自然、柔和，具有良好的吸湿性、透气性和保暖性，即具有良好的穿着舒适性。棉织物耐碱、耐洗、耐老化；抗起毛起球、抗静电，染色性好。棉织物硬挺性差、保型性差、弹性差、易折皱，但可以采用防缩、防皱整理予以改进。棉型织物有薄型产品，如细纺、府绸、绉纱、巴里纱、麻纱、牛津纺、烂花布等；中厚型棉型产品，有牛仔布、水洗布、粗犷的装饰织物等；棉型起绒织物有灯芯绒、平绒、桃皮绒、静电植绒等。色织物的各种设计方法都适合于棉型织物。

（3）化纤织物。再生纤维包括粘胶纤维、铜氨纤维、醋酯纤维、Lyocell 纤维等。织物具有柔软、透气的特点，手感滑爽，色彩鲜艳。富有光泽。合成纤维主要有锦纶、涤纶、腈纶、维纶、氯纶、丙纶、氨纶等纤维。织物具有耐磨、弹性好、防皱等特点，手感滑爽、挺括。化学纤维与各种天然纤维混纺，可兼有两者的长处，使织物具有独特的风格。各种改性合成纤维可以仿不同天然纤维织物的风格，其主要产品有化纤仿真丝织物、化纤仿麻织物、化纤仿毛等织物。

（4）麻及仿麻织物。常用麻纤维有亚麻、苎麻、大麻、黄麻、罗布麻等。织物外观粗犷、硬挺，色泽自然，布面有自然分布的粗节、麻结、条影明显，风格独特。麻织物手感滑爽，较刚硬。织物穿着凉爽，不贴身，吸湿、散湿快，透气性好，是夏季的良好面料，但苎麻织物穿着有刺痒感；麻织物穿着卫生，易洗涤，防霉、防污，不易产生静电，但织物不耐磨，不耐屈折，易起毛，弹性差。所以对织物后整理的要求是挺而不硬、爽而不粘、滑而不飘、吸湿透气、散热性好。

（5）丝织物。丝绸是以天然丝和化学纤维长丝为主要原料的一种织物，称为丝织物。真丝织物柔滑如水，灿烂夺目，咝咝作声，绚丽多彩。丝纤维断面呈三角形，反射光线如棱晶，层叠的蛋白质构成珍珠般的光泽，使丝绸成为一种富丽堂皇、给人以美的享受的织物。丝织物有 14 大类，即绡、纺、绉、绸、缎、锦、绢、绫、罗、纱、葛、绨、绒、呢。丝织物的原料除了桑蚕丝和柞蚕丝以外，还有棉纱与真丝交织，人造纤维仿真丝、合成纤维仿真丝等，产品以涤纶仿真丝为主。

总之，不同原料形成了不同的产品风格，它们都具有各自独特的风格特点，给人们以不同的视觉感受、触觉感受和心理感受。它们在色彩运用上，也有各自的要求和特点。

（二）棉型织物的色彩设计

纯棉织物中常见的色织产品主要有：色织府绸、色织被单布、色织泡泡纱、色织绉纱布、色织绒布、色织灯芯绒、色织纱罗、劳动布；涤棉混纺色织物主要有：树皮绉细纺、金银丝细纺、纬长丝府绸、纱罗、泡泡纱、烂花布等。织物品种不同，其风格和设计方法也不同。下面对一些常见品种的色彩设计加以介绍。

1.色织绒布

色织绒布在色织产品中占有较大比重，其绒毛短密、色泽柔和、质地厚实、布身柔软、格型大方。不同风格的色织绒布，可作各季节的服用织物和装饰用布。织物按起绒工艺不同，可分为拉绒布和磨绒布；按织物组织不同，分为平纹绒、斜纹绒、提花绒、凹凸绒；按拉绒方法不同，又可分为单面绒、双面绒；按色纱的配置不同，可分为条绒、格绒等。

在色彩设计方面，除一般的色条、色格外，还可以运用设计技巧得到特殊的效果。

（1）纬纱采用两根不同颜色的纱线无捻并合成双纬，拉绒后织物色彩悬浮，如空中彩云，十分浪漫。

（2）经向用多种颜色的纱线，纬纱用 A/B 纱(深浅两色单纱捻成花线)，采用斜纹组织织造，拉绒后布面成点点芝麻状；如果纬纱采用 A/B 纱与色纱间隔排列，则得到特殊的格型效果。

（3）利用组织结构的特点，即采用两种纬浮长线有明显差异的组织，拉绒后纬组织点多的区域绒毛密集，纬组织点少的区域绒毛稀少，形成立体感强、手感柔软、凹凸花型的外观效果。

（4）以平纹或斜纹组织作地组织，配以各种提花组织，拉绒后布面呈现各种花纹外观。

2.色织府绸

色织府绸不同于白织府绸，产品设计着重于色彩效应和花纹的形态，而不过多地追求府绸效应。它能充分发挥织物花纹的图案美和造型设计，利用织物组织和纱线结构(包括原料、颜色、捻向、构造)的变化形成特殊的外观风格。坯布要经烧毛、丝光、漂白、定形等整理加工，以达到滑、挺、爽的仿丝绸效果。其配色要求纯度低，明度高，即用色淡雅，不宜过于浓艳，使产品具有明朗、柔和和清新的特色。常采用浅妃、柠檬黄、天蓝、浅驼等色。有的产品在中色地上配以酱红、土黄、宝蓝等浓艳色的调子，突破了府绸传统的配色格局，体现了新的派路。

色织府绸根据原料可分为纯棉府绸和涤/棉府绸，目前已逐渐发展到棉/粘、棉/锦、各种化纤短纤维混纺及与再生纤维、合成纤维交织等；根据纱线结构可分为纱府绸、半线府绸、线府绸；根据纺纱工艺不同，分为精梳府绸和半精梳府绸；根据织物组织、色纱变化、纤维的应用，可以得到各种变化的花型效果，形成不同的色织品种，如条格府绸、提花府绸、嵌线府绸、印线府绸、双纬府绸、缎条府绸、套色府绸、闪色府绸、隐条府绸、隐格府绸、仿绣府绸、金银丝交织府绸等产品，使产品更具有府绸感和高档感。其色彩设计方法如下。

（1）组织的应用。例如，平纹组织为地组织，局部采用经、纬小提花组织或透孔组织等，图案造型比较简练，使彩条、彩格表面点缀着稀疏而又细巧的小花纹，得到提花府绸；若形成满地花府绸，则组织点浮长不能太长；若以经起花或纬起花组织形成小型朵花图案或抽象图案，织物织成后剪去织物反面的浮长线，则呈现出单独朵花或图案，得到类似刺绣风格的仿绣府绸；若在平纹结构的半线府绸中嵌以缎纹组织，整理后缎纹处光泽好，布面挺爽，得到缎条府绸。

（2）纱线的应用。采用色经自纬的配色方法，色彩纯度低而明度高，光泽柔和、素净、淡雅，有高档的仿丝绸风格。不同根数的色纱间隔配置或不同捻向的纱线间隔排列，形成各种配色效果的条格府绸或隐条府绸、隐格府绸。

经纬纱选用近似互补色，即色环上两色位置相差在120°以外的颜色相配，可使织物出现闪色效果。如红与绿，咖啡色与海蓝色相配合，还要注意两色明度与纯度相近。在组织上，一般采用平纹组织，因为组织的交织点多，经纬互相截断的浮长线呈点状，两色显露的总面积相等，所以闪色效果较好。另外，织物的经纬线密度应相等，经纬密度近似。当经纬纱各与对比色以1∶1排列时，也会产生闪色效果，但闪色效果不如前一种方法明显。

在提花条上采用粗支纱，或在细支纱平纹地上嵌毛巾线细条，可增加花型的立体感；在经或纬纱上间隔印上不同颜色，产品呈现不规则的彩色竹节效应，形成印线府绸；在高支府绸的纱线中嵌少量花式线，如彩色结子线，能使织物表面呈现特殊风格，即嵌线府绸；如在府绸织物中嵌少量的金银丝，使布面具有闪烁的光泽，便形成金银丝府绸；纬纱采用两根不同颜色的纱线并合与经纱平纹织造，外观呈现不规则的、自然的云彩状图案，即双纬府绸。

（3）加工工艺的应用。随着新型织机的发展，府绸织物采用单梭织造方法，图案具有纤细精巧的风格，如经纬向以单根色纱间隔排列构成细纹图案，并点缀分散的星型起花；在后整理工艺中，采用原色纱线作经纬纱，在经纬纱中织入少量耐煮练、耐氯漂的有色纱线，形成条子或格子产品，再经染色或漂白，使成品呈现色织产品的特殊风格，得到套色府绸。

3.色织泡绉类织物

色织起泡、起绉类织物比较流行，起泡绉的工艺不同，其风格和效果也不同。色织泡泡纱是由两组经纱与纬纱交织而成的织物。一组经纱为地经，与纬纱交织成平整的地部；另一组经纱为泡经，与纬纱交织形成凹凸不平的泡状波纹。泡泡与地部量竟窄不同的纵条排列，再加以纱线色彩的变化，织物富有立体感、色彩柔和、自然，质地轻薄，手感滑爽、挺括，透气凉爽，保形性好，洗后免烫。织物可作夏季服装、童装、窗帘、床罩等。

泡泡纱织物的花型与外观，主要由组织和色纱设计决定。其组织以平纹为主，因为平纹组织经纬纱交织点多，屈曲次数也多，当泡经与地经的送经量有差异时，其织缩差异明显，起泡效果比其他组织好。有时，为了增加织物的美观和花色品种，在平纹地处可点缀少量的小提花组织，但浮长线不能过长，以免影响经纱的织缩差异。

色织泡泡纱的泡条色彩，以白色和中浅色效果较好，织物的整体色彩要比泡条色彩稍深或稍浅，以达到衬托泡条的目的。整幅织物的色彩配置应根据织物的用途来确定。做睡衣的精梳泡泡纱，色泽要文静大方，以白色、浅蓝、米色、浅灰、粉色等为地色，同色相的深色作泡条色；棉及涤/棉泡泡纱主要做衬衫和童装，色彩较鲜艳、明快，彩条、彩格花型多见；纯棉半线泡泡纱主要做外衣和装饰织物，色彩以中深色条格为主，但应根据不同的设计思路加以变化。

4.色织灯芯绒

色织灯芯绒是用低捻度的异色花线作纬纱，形成混色或闪光绒面，绒条丰厚、美观，并结合色泽的特点，呈现出仿毛感的外观效应。在设计上可采用以下方法。

（1）用异形三角形截面锦纶丝或金银丝与异色花线并合作纬纱，割绒后，绒面呈现闪光效果。可仿银枪大衣呢的外观。

（2）两根色纬在加捻过程中的配色，必须有主次之分，一般用同一色相的深浅色配合，再结合加捻的方法，使仿毛效果更加突出。例如，用深棕与浅棕、黑与浅灰等配色，对比效果调和。经纱的配色一般应选用与纬纱同色调的单色纱，或用原色纱与花色纬纱交织。

（3）采用经纬异色纱设计提花灯芯绒，绒面上可呈现异色图案花纹。

（4）利用两个织轴的送经量不同，形成灯芯条与泡泡条相结合的泡条灯芯绒。还可以设计成提花泡条灯芯绒、双面泡条灯芯绒。

（5）用多种色纬结合组织交替起绒，形成绒面图案，仿烂花丝绒外观。

（6）采用双面灯芯绒的设计方法，或一面采用格子斜纹，一面起绒。

（7）经过印花处理(条纹、人字纹、几何图案)、霜花效果处理、轧花处理、金银粉印花等方法，得到靛蓝色调牛仔风格灯芯绒。

色织灯芯绒由于先染后织，坯布不再经过煮练等工艺，所以绒毛的坚牢程度不如白织灯芯绒，割绒工艺较困难。

5.牛仔织物

牛仔布又称劳动布，是生产牛仔裤、牛仔衫、牛仔裙、牛仔背心、牛仔套服、牛仔鞋帽和牛仔包等的专用面料。其特点是织物密度大，手感柔软、厚实，色泽既有陈旧感，又有鲜艳感，织纹清晰，有良好的吸湿性和保形性，耐磨，穿着舒适，风格简洁、粗犷而独特。传统的牛仔织物，是由靛蓝染色的经纱和本色的纬纱交织成经缩水处理的斜纹粗布，外观具有杂里透白的特殊色光，色泽均匀、自然，能与各种色彩相配。近年来，随着经济的发展和消费者需求的不断变化，牛仔织物的种类不断增多，通过不同原料、色彩、组织、印染工艺、后整理等方面的设计，构成了各种花式牛仔布，满足了人们对服饰多姿多彩的需要。如彩色牛仔布、花色自坯牛仔布、靛蓝提花牛仔布、提花弹力牛仔布、印花牛仔布、磨绒牛仔布、涂层处理牛仔布、牛仔绸等。

（1）组织设计。牛仔布的组织，应根据织物的质量、纱线线密度、织物密度、流行趋势、用户要求等确定。一般以斜纹及其变化组织为主，但轻薄型织物也可采用平纹组织。此外，还有人字纹路、凸条组织等。而花式牛仔织物组织变化较多，如以平纹或斜纹、为地组织，以体现经向靛蓝、纬向本白的传统风格，提花处以经纬起花突当花纹的点缀效果。

（2）原料的选择。牛仔织物原料的使用范围日益广泛，除了传统的棉以外，出现了多种原料系列，麻、绢丝、涤纶、氨纶、差别化纤维等均可用于织物设计中。产品有混纺、交并、交织等。

例如，日本开发了以天然褐色棉纤维为原料的有色高档牛仔织物，具有色调自然、光泽柔和的天然感。它用具有花色效应的转杯纱，并在全幅织物中加入一定比例的竹节纱制成竹节牛仔布，布面既保留了原有织物的粗犷质感，还具有雨点状的特殊效应。再如，目前流行一种具有装饰效果的花式牛仔布，经纱采用彩色嵌条线，纬纱运用色纱或段染纱，形成多色彩效果的彩色牛仔布。

条纹牛仔布采用凸条组织，在传统牛仔布上呈现明显的条纹外观；菱形花纹牛仔布是在蓝色的地布上呈现菱形花纹；满天星牛仔布是在传统的牛仔布上体现规则的白色或彩色小方块花纹；如果改变提花组织，利用彩色纱线相间排列，可形成一种新颖的彩条花纹效果，具有较强的立体感。

（三）丝织物的色彩设计

丝绸织物的特点，是光滑、柔软，色泽明亮。其色彩大多以简练的几种色相相互衬托、变化，组成主次分明、层次清楚、概括含蓄的色调。除彩格织物色彩较艳丽外，轻薄型产品一般以淡雅居多，如月白、奶黄、嫩黄、湖蓝、天蓝、湖水绿、浅水绿、浅血牙红、浅妃、茜红等色，灰色调应用也较多，如浅灰、靠灰等色。中厚型产品的色彩较深沉、厚重，有铁锈红、青灰、土黄、深棕等色。

丝织物的配色和纹样设计，是织物风格设计的重要组成部分。色彩和纹样在配置时，要综合考虑地区、民族、文化、消费者的消费水平等不同因素。例如，提花绸缎，其在原料、纹样、配色和组织结构等方面都具有很强的民族特色，应在此基础上，结合国际流行趋势进行创新和发展。

1.影响配色的因素

（1）织物结构与配色。丝织物常用的组织有平纹、缎纹、小提花、大提花。采用平纹组织，用多色经和多色纬相间配置进行交织，能得到多层次和多色彩效果。如彩格平纹格碧绉织物，其经纱排列为：14 深红、28 白、34 橘黄、64 白、14 橘黄、50 白，纬纱色排为：8 深红、18 白、24 橘黄、32 白、10 橘黄、36 白；丝织物若采用缎纹组织，因其交织点少，织物表面光洁，能显示明显的经面或纬面效应；小提花组织的设计常采用条格嵌小花纹的方法，织物色泽鲜艳，层次富于变化，经纬异色配置，花地清晰，具有较好的设计效果。比如，某重经熟织彩条小花纹织物，在真丝条格绸的基础上增加一组用于起花的附加经线，增加了织物的艺术效果，扩大了产品的使用范围。

色织大提花织物一般以纬二重、纬三重、经二重、填芯、稀密平纹提花换层接结等组织居多；花型有几何图案、花卉、古典图案；表现手法上有满地纹及在平纹地上点缀局部提花，组织结构精美。也可采用双色或多色经起花、提花组织，富有装饰性，花型具有浮雕感。新型产品有不规律多色的彩色印经结合大提花产品，其色彩浪漫、抽象、层次丰富，彩色印花配合几何图案，构思巧妙，色彩高雅、富丽。

丝线的线密度，会影响织物的结构和色彩。当线密度相同时，织物的密度越大，尤其是纬密越大，色彩越浓艳，花型越丰满。同理，在密度相同时，线密度越大，色调越浓艳。

因此，对于密度较小的品种(如绡类)，为了保证色彩的鲜艳度，经纬色明度和纯度可适当提高；彩条、彩格类织物，设计时应尽量使经纬密度趋于一致、线密度相同，以使配色方案明确、易定。

(2) 原料与配色。桑蚕丝和柞蚕丝织物可染各种色相，光泽柔和。为了体现织物的高贵风格，多用间色。薄型的练白真丝绸缎宜配中浅色调；熟织真丝绸缎配中深色为好。柞蚕丝织物染色鲜艳度不高，配色时应加强明度的对比，可用鲜艳色。

有光粘胶丝光泽明亮，宜配明朗、鲜艳的色调；无光粘胶丝白度高，但光泽差，宜配浅淡的色调。

在现有的仿真丝产品中，涤纶产品的产量最大。随着化纤仿真丝技术的发展，通过截面异形化、碱减量加工、纤维细特化和混纤丝、复合丝的开发，使产品的光泽、色彩及其他风格特性都有很大程度的改进。如利用超细纤维生产出高品质、穿着舒适、风格优雅的色织仿真丝面料，包括仿真丝绸、乔其纱、巴厘纱、条格塔夫绸、织花、剪花等高档产品。如果改变化纤的显色性和表面状态，可以制成粗细节花色丝、竹节花色丝、起圈花色丝等，使丝织物风格更加多样化。

金银线的应用，有助于提高织物的美观性和多彩性。它具有极强的金属光泽，富丽华贵，在感官上具有中性色的特点，能够协调织物表面各色的关系。一般金色与暖色系色相相配，而银色则与冷色系色相相配合的效果较理想。

(3) 织物用途与配色。丝织物常用于服用和装饰织物中，使用时应考虑面料的原料、纱线类型、纹样、配色、结构、物理性能等诸因素的关系。反过来，织物的用途又影响了色彩的搭配。服用绸配色受服装款式的影响很大，还要符合消费者的传统习惯，如秋冬季服装色彩偏深，春夏季偏浅；上装活泼多变，下装深沉、稳重等。礼服、旗袍类服用织物，色彩配置一般较明朗、鲜明，又不失协调、端庄。随着穿着环境不同，要求也不同。

(4) 生产方式与配色。色织绸均为熟货织物，即先染丝，经丝、纬丝分别配色，然后再织造，产品以色织条格类为主。其经纬色的配色是关键，既要符合色彩配置的一般原则，又要体现丝织物的风格特征。半色织织物的染色工艺较复杂，即先将部分丝线染色，织成织物后再匹染，织物整理后手感柔软，色相多变，色彩柔和，立体感强，具有较高的经济效益。

装饰织物的配色要强调装饰效果，并与环境相适应。其用色范围及色彩搭配比服用织物宽，设计时更能发挥设计师的潜力和创造力。

2.配色的方法

(1) 熟织绸缎的配色。熟织绸缎均为丝染，丝线要标明色号和色名。不同组织结构的织物配色规律不同，常见的有以下三种。

①单层织物。通常采用经纬同色相配，少数产品通过各种色彩的深浅变化形成彩色条格。

②纬二重织物。当利用纬二重组织形成表里交换条格外观时，配色可采用一色纬与色经相同，另一色纬为其同类色或近似色。而利用纬二重组织起花型时，地纬色与经纱色接近或略深，而花纬色较明显，并且色彩纯度和明度较高，以突出起花。

③重经织物。先确定织物的主色调，以选择主色经丝，其他色经与主色经丝采用同类色或近似色，织物配色既和谐统一，又能使正面的接结点不显露。

(2) 彩色条格的配色。配色前应先绘制彩色纹样，大小与实物相同，以确定织物的色彩效果，用色数量不宜过分繁杂。纹样确定后，要计算色经和色纬根数，设计织造工艺。

除真丝织物外，还有一类丝织产品即仿真丝织物。化纤仿真丝产品占了一定比例，它除了仿制真丝织物的外观、色彩、光泽和优良的服用性能外，还改善了真丝织物的不足。其他仿真丝产品主要有棉型织物中的府绸、细纺、巴里纱等品种，配色方法类似真丝织物，其中的闪色配色设计具有很好的仿丝绸效果。

闪色仿绸织物宜采用低特精梳纱，使织物富有丝绸感。一般采用两种对比色交织，如咖啡与蓝、咖啡与绿、蓝与绿、咖啡与灰、红与绿、红与蓝、黄与蓝等，色泽以中深色的效果为好。浅色品种效果较差。织物组织以平纹为主，若采用平纹地小提花组织，在提花处由于经纬浮长线和色泽的变化使色光发生变化，可使织物产生不同的闪色效果。织物的紧度也会影响闪色效应，紧度过小会削弱闪色效应。因此，在不影响织物风格的前提下，可以利用紧度的适当变化调整闪色效应。有的产品还要经过轧光、丝光、水洗、砂洗等后整理。

（四）毛及仿毛织物的色彩设计

毛织物中的色织产品，主要有各种精纺花呢和粗花呢、花式大衣呢、女式呢、松结构织物等。织物色彩常给人以温暖、庄重、大方、高雅之感，色彩一般深沉而含蓄，但不同品种、不同用途的产品，其色彩的要求也不同。

1.毛织物常用色彩及要求

毛织物色彩的选择不仅与色彩的色相、纯度有关，还与面料的材质、颜色、花纹、组织等有关，这些因素构成了面料色彩的表现形式。羊毛纤维的结构，对织物表面的光泽有很大影响。羊毛纤维为乳白色或淡黄色，表面覆有鳞片，具有天然卷曲，毛织品表面光泽柔和，有膘光，通过染整加工能使织物具有不同的色彩，赋予织物高贵、典雅的气质。

精纺毛织物一般以素色为主，也有混色、色织、印花以至大提花织物，不同品种具有不同的风格和色彩要求。具体地讲，条子花型要求宽条恰到好处，窄条不显其密；素色嵌条着重在花色的衬托，花色嵌条着重于色彩的调和；嵌条要排列多变，疏密参差。明嵌条要鲜明、调和，暗嵌条要隐现恰当。格子花型与颜色，要互相配合，深浅、明暗互相协调。印花花型要大方、雅致，具有立体感，色彩要鲜明，色调配合柔和、悦目，花型结构稳重，具有高档产品的风格，同时，花型与品种的特征要与服用要求相配合。

精纺色织产品在配色时，利用色彩的色相、明度、纯度变化及其相互对比关系在面料上体现层次变化，可以得到不同的美学效果。通常情况下，在每组花色中分为主色和配色，两色的关系多为类似色，也有对比色。小条格、小花型织物文雅、娴静；大条格、大花型织物热情奔放；不同花色织物产生不同的节奏与韵律，满足于不同的服装风格。如夏季可选用色彩淡雅的轻薄型面料，如凡立丁、毛涤薄花呢等，这些织物色彩淡雅，质地轻薄、细腻、活络、悬垂、滑爽透气，给人一种流动、清凉之感；春秋季服装面料多采用中色调和中深色调，如女装面料既可以选择柔和的中浅色，如白色、米黄色、浅蓝色、粉色、灰色等，也可以选择耀眼亮丽的色彩，通过织物自然的光泽、良好的弹性、尺寸的稳定性、挺括性，能体现出女性化、现代感的气质。男装可选用深色，如中灰色、深灰色，以给人一种庄重、阳刚、权威感。选用中浅色则能体现出朝气蓬勃的感觉和青春活力。

在色彩设计中，选择面料织纹花色也是一个重要环节。比如，可以选择平纹、平纹地小提花、透孔、斜纹等简单组织来设计薄型面料；而绉组织织物(如女式呢)表面反光柔和，配以淡雅的色彩能给人舒适的感觉；复合斜纹和破斜纹、平纹变化组织，也可以得到立体感和粗犷感的织物；选用长短浮长线相结合的各种联合组织，也可以得到立体感；浮雕感的凹凸花型织物，适合做中厚型产品；光线照射到隐条、隐格织物上，由于反光不同，随着人体的运动，服装表面具有色彩的明暗变化，产生不同层次的视觉效果；欲使呢面花型多变，变中求稳，可用斜纹变化组织加嵌条线，或斜纹地加小提花组织；绒面织物是由起毛组织形成。织物表面覆盖着一层绒毛，绒毛短。反光就柔和，绒毛长就会贴附于织物表面，使织物膘光足，具有一种富丽之美。

粗纺花呢织物，是用单色纱、混色纱、合股线、花式纱等与各种花纹组织配合织成的花色织物。花型主要有人字、条型、格型(包括规则格、不规则格、大小格嵌套)、圈点、小花纹及提花织物。根据织物风格不同分为纹面花呢、呢面花呢、绒面花呢。常用组织有平纹、斜纹、变化组织、联合组织、皱纹组织、网目组织、表里换层双层组织等。原料上除粗纺毛纱外，还可采用精纺毛纱、棉纱、粘胶丝或化纤长丝与粗纺毛纱合股织成的花呢，得到各种风格的混纺及纯化纤产品。

花型的变化与色彩的变化是分不开的，传统粗纺产品以含蓄、稳重的色彩搭配为主。随着技术的进步和消费者艺术修养的提高，根据产品使用的对象及流行色的趋势，可采用明亮、艳丽的色彩搭配。其中花式线在粗纺呢绒的应用中以其独特的质感和色差视觉效果，形成了新颖、立体的织物风格，给粗纺产品带来了活力。其代表产品为松结构花式线花呢。

2.仿毛织物的色彩设计

色织物主要仿制精纺毛织物中的薄型和中厚花呢产品，也有少量仿制粗花呢风格的产品，原料组合十分丰富。仿中厚型花呢以涤／毛、涤／毛／粘、粘／毛、涤／毛／麻、涤短纤等交并、交织；粗纺花呢以粘／毛为主，根据织物风格要求的不同，选择不同性能的纤维配比混纺、交并、交织，在原料应用方面体现出多样性、灵活性和合理性。

仿毛织物的毛型感除了依靠原料外，还依赖于图案造型、织物组织及色彩搭配。毛织物的色彩和造型要求浑厚、稳重、大方，常用的有驼色系，如深咖啡色、中咖啡色、驼色、米色；蓝色系，如藏蓝、深蓝、深灰、浅灰；绿色系，如深橄榄绿、浅橄榄绿、草绿等；红色系常用于女装设计，如玫红、砖红、洋红、粉色等；白色用本白代替漂白，近似羊毛纤维的本色。

在仿毛型花呢产品中，除了采用不同捻向的纱线形成隐条、隐格外，关键在于花线的应用。它们是由不同色纱合并而成的两股异色花线、三股异色花线、花式线、不同捻度的低捻线等。不同色泽的纱线混合，使织物表面产生不同程度的混色效应，类似素花呢、条花呢、格花呢等产品。

A/B 两色花线的色调，在夏令产品中以中浅色为主，常用的有中灰 / 浅灰、中咖啡 / 浅咖啡、深驼 / 米色、湖蓝 / 浅灰等；秋冬季产品以中深色为主，如蓝 / 黑、蓝 / 深灰、黑 / 深灰、深咖啡 / 浅咖啡等；仿女式呢产品常采用深浅色差大的两色配合，如红 / 白、白 / 绿、白 / 天蓝等。也可采用对比色单纱合股，使织物表面丰富多彩。

三股花线交织的织物，花线效应在织物中若隐若现。色纱选用有几种方法：同类色加对比色，如黄、绿加咖啡；同类色加近似色，如咖啡、黄加红；同类色加中性色，如红、橙加白。其加捻方式分为一次加捻和两次加捻，两种方式产生的色彩效应不同，如一深、一浅、一深三种色调单纱，两次加捻的效果比一次加捻的色调暗。若在加捻时采用低捻，则织物表面可形成自由花纹，风格特殊。

不同花式线的应用，为增加色织仿毛花呢的毛型感提供了良好的条件。如粗细纱合捻的花线，外观有松紧，呈螺旋型。结子纱、疙瘩纱等在仿毛织物设计中也都有所应用。

3.毛织物的色彩设计

影响毛织物色彩的主要因素有原料的选用、纱线结构的变化及整理工艺。

(1) 不同颜色的纤维混合。精纺毛织物中的条染产品，常采用两种以上的有色毛条按不同比例混合，以达到预期的色彩效果。而另一种特殊设计是使织物产生混色效应，它用不同色相、不同明度且差异较大的毛条混合，形成混色加花毛条。如派力司织物的特点是有比主色较深的毛纤维不均匀地分布在呢面上，形成雨丝状的条纹，配毛时采用 60%~70% 的本色白羊毛和 20%～35% 的主色毛条混合形成地色，如米色、灰色，另以比地色深的毛纤维为派色(6%～8%)，如深灰色、深米色。这样深色纤维随机地分布在纱线上，使呢面的浅色地上出现了自然的深色条纹。其中主色比例可按色光要求进行调整，但派色用量不宜过多，否则会影响整体风格。啥咔呢织物是以混色加花为特征的，如白与黑、白与灰、白与驼色毛条相混合；为了缓和对比色的强烈观感，一般在深色与浅色中掺入中间色，以达到均匀的效果。

部分粗纺毛织物采用两种或两种以上不同颜色、不同原料的纤维混合，随着不同色纤维色相、明度及混合成分不同而产生不同的颜色，形成不同的风格。如银抢大衣呢，通常在黑色或深灰色立绒大衣呢原料中混入一定比例(10%左右)光泽好的马海毛或 0.33～0.56tex 涤纶、锦纶异形丝，织物在密立平齐的深色丰满绒毛间均匀分布着耀眼的银白色抢毛，素中有花，美观大方。法兰绒、海力斯等产品，也常采用混色设计方法。

织物品种不同，混色的要求也不同。凡立丁、华达呢、海军呢等亲色品种混入的色相、明度力求接近，颜色要干净，以匹染工艺最理想；花色织物(如条、格织物)每种色纱混色的明度、色相也应接近，以满足花线索色织物的要求；特殊织物应根据风格要求区别对待，如仿麻等织物，外观粗犷，线条不匀，对比强烈。颜色以中浅色为主，也可以采用近似色、调和色，还可用经纬两色交织，或用粗细纱相间排列。

(2) 经纬异色纱的交织效应。织物中经纬纱以不同色纱，交织可产生不同效果。若经纱用一色，纬纱用另一色，则得到混色或闪色效果；若经纱用多种颜色，纬纱用一种颜色，则得到纵向条纹效果，反之，得到横条纹效果；经纬纱都用多色交织得到格子效果；用色纱与组织相配合，可得到配色花纹效果。这几种配色情况，在经纬色纱配合时，只有结合纱线线密度、组织、密度等因素进行设计，才能得到较好的效果。

①经纬异色交织时，常采用色织条格织物的设计方法。当色纱的排列比小于 4 时，织物表面常显示混色效果。

②当色纱配合形成花型图案时，要使几种颜色相互协调。在使用同色或邻近色丽明度、纯度不同的配色时，嵌入少量明快色，总体效果就既协调又提高了配色的明度。

③每种色彩在织物中的面积，应与色彩是否强烈相适应，一般明度、纯度大的颜色面积应小些。在使用对比色配色时，色彩的面积不能相等，必须突出重点色；色彩的明度不宜接近，要有强弱之分，否则会有杂乱无章的感觉，不能达到预期的效果。

④织物组织会影响色彩的变化，织物组织不同，其表面状态有很大区别。如斜纹或缎纹组织所表现的色彩效果是不一样的，前者浮长线均匀，既适合条型织物，又适合格型织物；后者有较长的浮长线，只适用于条型织物。一个较好的格型织物，其经纬纱浮长线应相等，经纬纱线密度、织物密度和色纱排列也应近似。

(3) 色纱合股线的混色效应。不同颜色的单纱合股加捻后得到 A/B 花线，其色泽的混合效果不如散纤维混合那样均匀，而是两种颜色因加捻而被截断成一串细小的色点，从远处看似乎混为一色，这也是色彩的空间混合效果。这种混色效果随着纱线的粗细、捻度的强弱、两单纱色相位在色相环上距离的远近、明度的差异而有变化。明度对比如果由黑到白分成11级色差，两单色纱的级差在4级之内的称为暗花线，超过4级的称为明花线。纯毛织物一般以暗花线为主，混纺织物和纯化纤织物常采用明花线。在A/B花线设计时还应注意一些问题，具体如下。

①线密度大的纱线，两根单纱的色彩对比度要小些，否则呢面色点大而明显，混色效果不佳，织物有粗糙感；线密度小的纱线，两根单纱的色彩对比度可大些，具体要视织物的花型风格而定。

②两根不同色相的单纱合股，如果织物的花型风格没有特殊的要求，最好使两者的明度和纯度一致，否则会突出某种色点，达不到混色的效果。尤其是在色相环上两色相距100°以外的颜色配合时，更要注意明度和纯度的混合。

③若两根单纱的色彩对比度大，最好增大合股线的捻度，以减小色点，使呢面的色彩更加均匀、细洁。

(4)嵌条线的应用。在织物设计中，常用嵌条线来装饰织物，在精纺花呢中，应用非常广泛。设计时，要考虑嵌线的种类、色彩、占据的面积、与地色的配合等问题。

①嵌线的种类。嵌条线可采用各种原料，有长丝、短纤维，有真丝、棉、化纤、羊毛和混纺纱。其基本特点和应用如下。

a.真丝嵌条。特点是细腻、精致、优雅，光泽柔和、自然，条干均匀，呢面有高贵感。常用于中高档织物、薄型织物设计，如纯毛单面花呢、纯毛中厚花呢、毛涤薄花呢。在织物设计时，应注意色差和沾色现象。

b.涤纶丝、锦纶丝。细度细、光泽好、强力高、条干匀、色牢度好，可使织物挺括、耐磨。适用于各类花呢，但须前处理，使热收缩率控制在6.5%以下，否则会由于热收缩而导致呢面不平。

c.丝光高支棉线。精细、文雅，光泽柔和、自然，手感柔糯、有身骨。用于纯毛花呢和毛涤花呢的设计。

d.粘胶丝。光泽好，条干匀，有丝状感，外观细腻，但湿强力差。可用于中低档毛织物和混纺织物的设计。

e.毛涤纱线。有较好的机械性能，身骨好，外观好，易于加工。适用于纯毛、混纺花呢织物。

f.纯毛纱线。与毛织物的缩率和风格一致，手感好，外观好。常用于纯毛花呢织物。

g.组合线。使用两种或两种以上不同性质的纱线作嵌条线，如真丝与毛纱、真丝与涤纶丝、棉纱与毛涤纱等。可以增加呢面的花色，使之更加丰富多彩。

②嵌线的结构。用于嵌条线的纱线，一般与地部纱线的结构相同，有时也用长丝纱。为了突出某些特殊效果，可以做各种变化，主要有捻度、捻向、纱线细度、股线等的变化。

a.强捻纱。花型点子细巧、活泼、精致。

b.弱捻纱。花型点子稀疏，线条呈波浪状，花型更加醒目。

c.反捻纱。由于与地部捻向相反，形成隐条效果，外观文雅，富于变化。

d.花式捻线。如粗节纱、大肚纱、结子纱、圈圈纱等。可增加呢面花色，突出嵌条，运用巧妙时能产生良好的效果。

③组织的应用。当嵌条线组织与地组织相同时，地组织为平纹较多，斜纹也常应用。单根嵌条时，嵌线呈点状；双根嵌条时，嵌线呈细线状。

④色彩的运用。

a.本色嵌条。嵌条线色彩与地织物相同，而嵌条效果的突出是通过改变纱线的结构或采用不同组织结构实现的，如平纹地斜纹条、平纹地缎纹条；斜纹地平纹条、斜纹地急斜纹条；右斜纹地左斜纹条等。

b.单色嵌条。要求嵌条线与地部色彩协调，其明度、对比度的选择幅度很大，要根据消费地区、销售对象、用途的不同而不同，常采用同种色、类似色、对比色、中间色、中性色等。同种色即色相相同，但深浅明暗不同，配色调和、素雅；类似色即色相接近，如红与橙、橙与橙黄、黄与绿等，嵌线活跃、醒目，反差不大；对比色即两色相差异较大(如互补色)，嵌线明显、突出，但不易协调，在面积和明度对比方面也应控制，要谨慎使用：当经纬异色或地色有两种或两种以一上的颜色时，宜选用中间色，其配色匀称，嵌线能起到协调的作用；在花色织物和各类色地织物上采用无彩色和金、银色，可起到调和的作用。

c.双色嵌条。这是精纺花呢中较普遍采用的花型设计。两种颜色的嵌条中，一种为中性色，另一种为对比色、调和色或同类色。为了获得比较稳重的效果，可采用中性色与调和色组成一个配色单元，如藏蓝色地配深灰(中性色)和深蓝色(调和色)，深咖啡色配灰色和深棕色。若使织物活泼、跳跃，可用中性色与对比色两种嵌条。此时对比色的明度选择要慎重，以暗为宜。

d.多色嵌条。一般以中性色起主花作用，再配以对比色或调和色。如果中性色为一种，其他两种必然为对比色，才能具有丰富多彩的艺术效果。但其明度要适当，否则会喧宾夺主、主次不明。嵌条还有三色、四色的，颜色过多，易杂乱无章，不高雅，在全毛花呢织物的设计中应予以注意。

（5）花式线的应用。花式线主要用于粗纺毛织物设计中，品种主要有环圈线、结子线、彩点线、雪尼尔线。在产品设计中的作用主要有以下几方面。

①简化组织结构。利用部分花式线构成织物，无须采用复杂的组织就可以使织物达到特殊的风格效果，还可以减少织造过程中产生的问题。

②原料应用多样化。花式线多采用各种化纤纱作芯线和固线，饰纱中圈圈纱常采用羊毛、马海毛。花式线花呢为纹面织物，常采用环圈线使其具有较大的被覆性。

③丰富产品的色彩和花型。各色花式线的应用丰富了织物的色彩。根据产品使用的对象及流行色的趋势，可采用明亮、艳丽的颜色搭配，也可选择含蓄、高雅的颜色搭配。当织物属同支持面结构时，颜色宜相近，明度差距可大些，从而使织物具有深浅层次的变化。

（五）麻型织物的色彩设计

用于服用织物的麻纤维主要有苎麻、亚麻和大麻。

仿麻织物风格的色织产品主要有薄型和中厚型两种，以夏季薄型织物为多。原料结构以多种纤维混纺、交织居多，包括棉／亚麻、麻／粘、棉／涤／麻、纯棉花色纱、柞蚕丝／麻、有光粘胶等，通过混纺、交织、交并等工艺使风格新颖化、多样化。除平素色以外，其色彩、花型及风格还有以下几方面。

1.利用色纱形成花形图案

织物中采用不同色彩的纱线相配合，外观可形成各种花色效果。选用近似色或对比色的纱线作经纬纱可得到对称的、不对称的、大小格相互嵌套的效果，使织物获得较强的立体感；也可设计成经一色，纬一色交织，烘托麻织物的风格。织物的色调多用低纯度的中浅色，如米色、浅米色、乳黄色、牙黄色、银灰色、驼色等配置。女装和童装有天蓝色、粉色、水绿色等。但色织物用色不宜太多，陪衬色常采用近似色和调和色，以免破坏麻织物的风格。

2.利用原料的染色性能形成花色效果

对于交织物来讲，由于经纬纱原料不同，可以利用其染色性能的不同形成花色效果。可利用两种纤维的染色特性，配合经纬纱线的排列和组织变化使织物形成双色、多色或留白的效果。

3.利用纱线结构变化获得不同风格的织物

经纱或纬纱，或经纬纱，都采用粗细不同的纱线间隔捧列，可使织物表面分别形成纵向、横向或纵横向凸出的条纹，体现麻织物的风格。纱线排列的循环越大，仿麻效果就越好。

4.利用织物组织体现花型

织物组织是影响织物外观的主要因素，根据织物用途和风格选择不同的织物组织，可以获得良好的花型效果。麻型织物常用的组织有平纹、斜纹、平纹变化组织、绉组织，以及其他联合组织，包括蜂巢、透孔、凸条、纱罗、竹节组织等。

总之，麻、麻混纺和麻型交织物主要依靠原料的选择和纱线的色彩、种类、结构及织物组织等综合设计来体现其色彩和风格。尤其在设计色织仿麻织物时，可使中低档产品具有中高档产品的外观、风格和性能，拓宽了麻型织物的使用范围。

第二节　色彩在现代室内装饰织物中的应用

一、室内装饰织物的分类与作用

室内装饰织物，是美化室内环境的实用纺织品的总称，即人们常说的家用纺织品。它既具有实用性，又具有艺术性，或者说它在具有实用功能的同时，又具有美化环境的功能。随着社会物质文化水平的提高，人们对其艺术的重视程度有超过其实用性的趋势。

（一）室内装饰织物的分类

由于装饰织物的使用环境不同、所起的功能不同、生产工艺不同、艺术造型及表达形式不同。所以对它的分类也是多种多样的。以下主要介绍按装饰织物生产工艺的特点进行分类。

装饰织物的艺术表现，只有通过生产工艺的可行性才能完成，否则它只是设计者的一厢情愿，可望而不可即。装饰织物作为造型艺术的分枝，也应符合当代社会审美的意识形势。因此，根据目前流行的主流可将装饰织物的艺术风格分为民族式、古典式、现代式、观念式四大类。

1.民族式装饰织物

民族式装饰织物，从色彩到花型，都凸显异域风情和传统的民族特色。随着历史的演变，装饰织物中具有民族风格特征的造型已构成这些民族区别于其他民族的形象符号，成为其民族精神的具体表达方式。这些不同风格的装饰织物，一方面满足了本民族人们的生活和审美需要，另一方面，极大地丰富了世界范围内的装饰织物品种。随着各民族间互通有无、取长补短意识的加强，全球性文化交流的日益频繁，此类装饰织物与设计的发展前景是非常广阔的。正如恩格斯所说的："越是民族的就越是世界的"。

2.古典式装饰织物

古典式装饰织物，在花色品种上追求图案的繁复；在色彩上，追求凝重而雍容华贵；在工艺上，追求精雕细刻；在用料上，追求考究。在窗帘、靠垫等织物的边缘处镶嵌花边或流苏，成了这类装饰织物的显著标识。古典式的室内装修环境配以同样风格的装饰织物，可产生不同凡响的豪华气派，这正是心仪古典风格的人们对它推崇备至的心理根源。

3.现代式装饰织物

现代式装饰织物的花色与图案造型，侧重于简约、明快、冷静和理性，更加突出实用功能。这类装饰织物在目前及今后相当长的时间内，仍是市场销售中的主要产品。这主要有三方面原因，一是这类织物一般都便于机械化生产，因此产品物美价廉；其次是它的实用功能突出，造型简练，符合现代人的生活节奏和审美情趣；再者，它与现代的建筑装修风格和谐匹配，相得益彰。

4.观念式的装饰织物

观念式装饰织物，往往是设计者独抒心灵、标新立异的结果。在"后现代主义"思潮的冲击下，一批设计者突破传统戒律的束缚，大胆地采用新工艺、新材料和新形式来表达主体的艺术构思。就目前来看，具有超前意识和形而上学色彩的观念式装饰织物，只是设计者为显示才华、标榜个性或为特殊装饰需要所作的产品，并不构成装饰织物的主流市场。

（二）不同装饰织物在室内环境中的作用

在不同的室内环境中，装饰织物所起的作用不同，具有不同的功能与性能要求。

1.墙面用装饰织物

随着人们生活水平的提高，高档墙面装饰已经抛弃了油漆、涂料，而采用墙布、墙纸、壁毡、挂毯等，其中墙布使用极为广泛。

（1）墙面用装饰织物具有的基本功能。

①吸音、隔音功能。由于纤维的多孔结构，它可以很好地吸收声波的能量，所以墙面用装饰织物可有良好的吸音、隔音功能。

②保湿、调节功能。这是由材料的特质决定的。由于织物多由纤维构成，纤维间具有孔隙，正是这些孔隙起到了保温、调节室内温度的作用。

③装饰功能。居室内墙面的展开面积是最大的，而且是立体的。人无论在居室内出于何处，其视觉水平方向均可与墙面接触。因此，墙面用装饰织物的色彩与图案对室内的装饰风格，往往起着决定性的作用。一向平淡无奇的房间，使用墙纸对墙面装饰后，会有满室生辉的感觉。

(2)对墙面用织物的性能要求。

①吸音性和阻燃性。由于贴墙用织物是纤维材料制成，因此，它具有良好的吸音性。有时还利用织物的组织结构使其表面具有凹凸感，以增强其吸音的效果。墙布在室内装饰织物中所占比例较大，从安全角度出发，它应具有一定的阻燃性。

②平挺性和易粘贴性。贴墙用织物要求织物平挺，缩率较小，易于粘贴，粘贴后织物表面平整、无翘起，具有一定的粘牢度。并且在重新施工时还要易于剥离，便于新品种的更换。

③耐光、耐污、易于除尘。由于墙布大面积暴露于空气中，长期受阳光照射，易于聚积灰尘，易于霉变，因此它的纤维和使用的材料都要有良好的耐光性，要有防污性并易于除尘，还应注意织物经过拒水、拒油处理后，对它的保湿性和表面风格会有一定的影响。

2.地面用装饰织物

地面用装饰织物首推地毯，它的种类较多，目前应用较广泛的有手工地毯、机织地毯、簇绒地毯、针刺地毯、编结地毯等品种。如按应用功能划分，包括客厅、卧室、走廊、楼梯、迎宾、舞台等类别。无论其生产工艺是否相同，使用环境是否相同，其具有的基本功能与性能要求是一致的。

（1）地毯的基本功能。

①吸音功能。由于地毯表面具有厚实的绒毛，所以它具有良好的吸音效果，而且可以减少声音的多次反射。因此，铺设地毯的室内，连走动的脚步声都会消失，能给人一个宁静、温馨的室内环境。

②保温、调节功能。由于地毯多由保温性良好的纤维织成，因此大面积的铺设可减少室内通过地面散失的热量，其纤维间的空隙又具有良好的调节室内空气湿度的作用。当室内空气湿度较高时，它可吸收水分；当室内较干燥时，它可释放出水分。因此，人在这样的环境中感到非常舒适。

③装饰功能。地毯质地丰满，外观华丽，具有极好的装饰效果。在室内空间大面积铺设，它就决定了室内装饰的基调。如果在室内小面积铺设，往往采用较鲜艳的色彩和图案，可起到活跃气氛的作用。

④导向功能。由于地毯铺设于地面，较易吸引人的视线，利用不同色彩、不同花纹及不同铺设方法，更能吸引人的视线而起到导向作用。

⑤舒适功能。地毯的质地丰满、厚实，富有弹性，人在其上行走感觉舒适、柔软，有利于消除疲劳与紧张。此外，现代的建材多为水泥、石材，它们给人冷、硬的视觉效果。铺装地毯对提高环境的视觉舒适度有重要的作用。

（2）地毯的性能要求。地毯是一种装饰织物，在利用其功能性的同时还要求具有一定的性能，主要包括以下几方面的内容。

①舒适性。舒适性是指人在上面行走时的脚感，它是由地毯绒面的弹性、丰满度、柔软性及纤维的性能决定的。绒面过高和过低脚感均不理想，绒面高度以 10~30mm 最佳。

②吸音性。地毯吸音、隔音性好坏是由纤维类型、厚度与密度决定的，使用场合不同，对其性能的要求也不同。

③坚牢。地毯的坚牢度有两方面的含义。其一，它要具有耐磨、耐压性；其二，它要具有一定的色牢度。

④抗污性。根据地毯使用的空间环境，它的抗污性能有多方面含义：一是要求其不易污染，二是要求其易于清洗去污。还应有抗菌、抗霉、防虫蛀的性能。

⑤保温性。地毯的保温性，是由它的厚度、织物的密度及所采用纤维的材质决定的。

⑥安全性。地毯的安全性是指它要有抗静电和阻燃两方面的要求。

3.家居覆盖类织物

家居覆盖类织物主要是指覆盖于室内家具上的纺织品，主要有沙发布、沙发套、椅套、椅垫、台布、靠垫等。

（1）家居覆盖真织物的基本功能。

①舒适功能。在家具上覆盖装饰织物，不仅可以使触感柔软舒适，还可以改变家具的外观质感，从而提高视觉的舒适度。

②保护功能。这类织物是覆盖在室内家具之上，可以起到保护家具，避免其损伤和防止阳光直射使家具变色的作用。

③装饰功能。家具用装饰织物，它在室内环境中虽然覆盖的面积不大，但是它可以起到画龙点睛的作用，并可以改变家具的外观质感。因此，它在美化室内环境中是一个十分重要的因素。

（2）家居覆盖真织物的性能要求。

①防污性：家具用装饰织物由于它使用的环境，极易受到污损，因此对它进行防污处理，使其具有一定的防污性是很重要的。但这样会影响其手感并使成本提高，所以就目前来看，对宾馆、饭店及一些公共设施中所使用的家具用装饰织物具有一定防污性的要求，而一般家用家具装饰织物对防污性的要求不高。

②坚牢度与稳定性。家具用装饰织物在使用中经常处于拉伸和摩擦状态，因此要求其有良好的拉伸强度和耐磨性。尤其是一些公共设施内的家具用装饰织物，由于其使用频率高，不能经常更换，它对坚牢度有更高的要求。稳定性是指其在使用过程中织物外观及结构的稳定性能，因此家具用织物要具有抗起毛、起球、钩丝，防滑脱，并且耐洗涤，耐光，有一定色牢度。

③摩擦系数。对沙发、椅垫、椅套等家具用织物，要考虑其具有一定的表面摩擦系数，使人们坐靠时不会滑移，增加稳定性和舒适性。

④阻燃性。家具覆饰织物的阻燃性越来越受到人们的重视，特别是一些公共设施、交通工具所用装饰织物对阻燃性有很高的要求。

4.挂帷织物

挂帷类织物主要是指各种窗帘、门帘和帷幔。

（1）挂帷类织物的基本功能。

①遮蔽功能。主要是指运用窗帘和帷幔可以起到阻挡室外人的视线，起到阻止外界视觉干扰的作用，这样可以保证室内的私密性。

②隔离功能。利用帷幔可以灵活有效的分隔出一个独立、舒适的空间环境，窗帘还可以起到隔离室外噪声和灰尘的作用。

③调节功能。利用窗帘与帷幔的开启来调节室内的通光量和通风量。另外，利用窗帘与帷幔还可有助于调节室内温度，起到防寒保暖或防暑隔热的作用。

④装饰功能。利用挂帷类织物的花色图案及造型可以在室内装饰环境

中起到画龙点睛的作用。

（2）挂帷真织物的性能要求。这类织物基于它的使用功能外，根据其所使用的特定空间环境还应有独具的特征。

①强度与耐洗涤性能。挂帷类织物因使用环境的原因。极易被灰尘和污垢污染，因此它必须具备耐洗涤性和一定的强度。

②阻燃性。从安全角度出发，室内装饰用织物均有阻燃性要求，挂帷类织物也不例外。

③良好的悬垂性及稳定的垂延性。挂帷类织物均处于悬垂状态，因此具有良好的悬垂性，才能使其有理想的视觉效果。垂延性是指织物在悬挂一段时间后，因自重导致其尺寸伸长而影响织物整齐的程度。稳定的垂延性对挂帷类织物是很重要的。

④耐光性、卫生性。挂帷类织物长期暴露于阳光和空气中，因此要求它具有一定的耐光性和抗菌防霉性能。

⑤吸音性。根据挂帷类织物特定的使用环境，有的品种对吸音性有一定的要求，如舞台上使用的帷幔，剧场、会议室使用的窗帘等。

5.床上用织物

床上用织物主要是指床垫、床罩、盖被、毯子、枕套、枕巾等。床上用织物品种虽然品种很多，款式各异，但其作用与性能要求却是相同的。

（1）床上用织物的基本功能。

①舒适功能。接触人体的床上用织物最好采用天然纤维，如棉、毛、丝等，这样织物触觉舒适。另外，它们应有松软的质地，在人们睡眠时可以有助于消除疲劳，恢复体力。

②保湿功能。床上用织物均具有良好的保湿功能，可以给人提供一个温暖适宜的睡眠空间。

③装饰功能。床是卧室中最重要的部分，因此床上用纺织品就成了卧室中的视觉焦点，它的色彩、图案及造型就决定了整个卧室的装饰风格，也表现了主人的审美情趣。

（2）对床上用织物的性能要求。①保湿性与吸湿透气性。这对于覆盖了人体的床上用品非常重要。因为人在休息时心跳趋缓，并且还有汗液排出，这时覆盖于人体的织物(被、褥、毯类)就要有良好的保湿、吸湿透气性。这样人体才能感觉舒适并得到良好的休息，否则会使人感觉阴冷不适。

②回弹性。回弹性是指织物的蓬松度或受压后的恢复性能，被、褥、垫、枕头等床上用品要求有良好的回弹性。

6.餐厨用织物

此类织物在整个装饰织物中所占的比例较小，主要指台垫布、餐巾、盖布、揩布、围裙、防烫手套等。餐厨类织物在国外使用非常普遍，而在我国，这类织物的生产和使用还处于初级阶段，许多品种还是空白。但是随着人们生活水平的提高，这类织物的普及与配套势在必行。它们的实用性非常强。不仅要求这类织物具有清洁卫生、隔热易洗的性能，还要具有赏心悦目的颜色与花型，以创造良好的用餐环境。

7.卫生盥洗类织物

此类织物以巾类织物为主，品种主要有毛巾、浴巾、地巾，有时延伸到浴袍。卫生盥洗类织物主要考虑其实用性，但是近年来随着人们生活水平的提高，人们逐渐重视这类织物的装饰功能，特别是宾馆、饭店中这类织物从颜色、花型、款式都是配套设计的。这类织物的基本功能如下。

（1）卫生、清洁功能。

（2）舒适功能，这类织物于人体进行接触，因此要柔软舒适。

（3）具有一定的装饰功能，从这类织物的使用角度考虑，对其的性能要求主要有两点，一是要求其具有良好的吸湿性；二是要有一定的防毒、抗菌和防臭性能。

8.纤维类工艺美术品

纤维类工艺美术品是一种纯装饰性织物，是以各种纤维为原料，利用不同生产工艺加工成造型各异的工艺美术品。这类装饰织物由其色彩鲜艳、独特的肌理和图案构成，在室内装饰中往往起着画龙点睛的作用。

二、装饰织物的色彩设计

（一）印花织物色调的确定

印花织物一般以平纹、斜纹组织为主，经纬纱交织规律的变化是次要的，主要通过色彩和图案的设计达到装饰效果。印花织物的主色调，一般由基色、主色、陪衬色、点缀色四部分构成。

1.基色

基色是构成面料色调中面积最大而又最基本的色彩，对主色调的形成起着决定作用,在印花图案中表现为地色。基色与其他色彩的配合关系有:浅色地深色花,深色地浅色花,中间色地深色或浅色花。地色必须与主色协调一致。

2.主色

主色是主体图案要表现的色彩。在花卉图案中,花卉色彩即为主色。主色图案的色相不宜过多,否则易杂乱。在装饰面料中,主色花色彩鲜明,突出于地色,在配色中起主导作用。

3.陪衬色

倍衬色是指衬托主色图案的色彩。"红花还需绿叶扶"形象地说明了红花是主色,而绿叶是陪衬色。主色与陪衬色是相辅相成的,主色占支配地位,陪衬色占从属地位。它们之间有色相、明度、纯度、冷暖、面积等的对比关系。在印花织物中,图案主色的纯度、明度要高于陪衬色的色彩,并与整体色调有关的陪衬色协调一致,从而达到主题鲜明、色彩丰富、层次分明的配色效果。

4.点缀色

点缀色是在图案的适当部位起点缀作用的色彩,它可以是不同明度的无彩色,或不同色相、不同明度、不同纯度的有彩色。应用点缀色是为了使图案色彩产生对比感觉,对画面的整体效果起到画龙点睛的作用。点缀色的图案常为点状或线状,图案面积要小,否则会影响主色的吸引力,破坏图案的整体效果。

(二)提花织物的色彩设计

在提花织物中,织物组织和色纱是构成花型图案的主要因素,强调由经纬纱交织构成织物的表面肌理效果。提花织物包括小提花和大提花两种。小提花织物在多臂织机上制造,所以花型受到一定程度的限制,但是采用不同组织结构合理搭配,再加上不同色彩的纱线配合,可以使织物获得良好的装饰效果。大提花织物即纹织物,由于织物的一个组织循环经纱数可以多达几千根,因此在此类织物表面形成各种变化的大花纹。同时,经纬纱可以选择多种色彩分表中里等多层搭配,色彩和图案变化十分丰富。

三、室内纺织品色彩的整体设计

正如服用纺织品的色彩离不开其穿着者，装饰织物的图案与色彩离不开室内环境与色彩整体配合。室内纺织品整体设计就是在统一设计意念的指导下，用各种设计手段使室内形成某种风格，具体包括色彩配套、室内纺织品造型配套、生产工艺的配合及面料材质的统一。室内纺织品色彩设计是整体色彩设计的一个组成部分，除此以外，还包括家具、墙壁、地面、顶棚等。为了平衡室内错综复杂的色彩关系和总体协调，可以从同类色、邻近色、对比色及有彩色系和无彩色系的协调配置方式上，寻求其组合规律。

（一）室内纺织品色彩配套设计的形式

1.对比色彩配置

色彩对比可以给人以热烈、刺激、兴奋的心理感受，在室内整体设计时不宜过多采用，但适当采用这种设计方法可以打破空间单调的感觉。色彩的对比与调和是相对的，对其把握的尺度不同，设计的风格就不同。比较简单的设计方法是让窗帘和沙发等居室用纺织品色彩、图案相同，也可将同系列甚至对比色加以运用。比如窗帘为白底红花，沙发布则为红底白花；窗帘为淡紫底粉红花，沙发布则为粉红底淡紫花等。这样布置使室内气氛更加典雅、活泼。与同类色配置类似，对比色配置也包括纺织品套件之间的色彩对比关系，纹样中各套色之间的对比以及纺织品与家具等的配色关系。

2.同类色或类似色配色

此种设计方法是指用相近或类似的色彩搭配，使室内纺织品的色调保持一致，从而体现或冷、或暖，或轻、或重，或古朴、或时尚等风格。总体来讲，应以色彩明度和色相相近等的依次递进关系产生渐变、和谐、柔和的视觉效果。同类色配置包括纺织品套件之间的色彩调和关系、纹样中各套色之间的调和，以及纺织品与家具等的配色关系。例如，在与家具等物品的色彩配置时，可以采用色相协调的方法：淡黄的家具、米黄的墙壁，配上橙黄的床罩、台布，构成温暖、艳丽的色调；也可以采用相距较远的邻近色做对比，起到点缀装饰的作用，从而获得绚丽、悦目的效果。此种配色方案常用于卧室和客厅的色彩设计中。

（二）影响室内装饰织物色彩整体设计的因素

装饰织物是用来装饰室内环境的实用纺织品，它具有实用功能和装饰功能，而色彩还会在一定程度上影响人的精神和情绪。所以影响装饰织物色彩效果好坏的因素有许多，综合起来主要有以下四方面。

1.室内环境

装饰织物的功能之一，是对特定的室内环境起到装饰作用，因此装饰织物的色彩应与它所处的环境氛围统一，并起到烘托作用。例如，客厅是接待客人或家人聚会的地方，在这些地方一般应采用华丽热烈的色彩，给人一种热情、宾至如归的感觉。卧室是人们生活中比较私密的环境，它所采用装饰织物的色彩或清新淡雅，或雅致、柔和，乳白色地，浅绿色碎花壁布、浅驼色地盖被，给人一种宁静舒适之感。

前面我们所说的环境是指不同居室功能的小环境，而人们对装饰织物色彩的偏好也受大环境的影响，其作用同样不可小视。一般来说，在冬季或寒冷地区，人们喜欢热烈的暖色调织物，它可使人产生温暖感，使室内充满温馨的气氛；而在夏季或炎热地区，人们喜好淡雅的冷色调织物，它可使人产生凉爽感。在现在的大城市中，晚上是闪烁的霓虹灯，白天映入眼帘的是五颜六色的广告牌，生活在这样环境中的人们就偏好于淡雅、柔和的色彩，这实际上是人们为了减轻视觉疲劳的潜意识所为，由色彩杂乱的室外进入色调雅致、柔和的室内，使人产生宁静和归属感。而在远离大城市的乡村，上是蓝天白云，下是广阔的大地。在这种色彩相对单调的环境中，人们就喜爱用色彩鲜艳而强烈的装饰织物来装饰室内环境。

2.纺织品功能

功能不同的装饰织物应体现其使用的部位和功能，根据其所处的位置与功能特点设计色彩，就能使装饰织物的色彩与使用功能有机地结合起来，人们在使用时就会感到舒适、惬意，心情愉悦。一般情况下，在室内屋顶与墙面大面积使用的贴饰类织物，如各种墙布、壁毡等，宜采用淡雅的色调，这种色彩可使人产生空间开阔感；而铺于地面的地毯则宜采用深色调的色彩，如紫红、墨绿、深驼、咖啡等色，这些色彩给人一种稳重、脚踏实地之感。采用色彩鲜艳、对比强烈的颜色，可以起到画龙点睛、活跃室内气氛或分隔空间的作用。床上用品，如床罩、盖被等，大多采用色调淡雅、柔和的色彩，采用这样的色调，可使卧室内充满舒适、温馨的氛围。而餐厨用纺织品常采用明度和纯度较低的色彩，如奶白、淡黄、浅绿、浅蓝等色，这些色彩可产生干净、整洁的效果，使人心情平静，增加食欲。

3.流行色

在装饰织物的色彩设计中，除了要注意上面三项因素外，还要注意对流行色的把握。

采用了流行色的装饰织物并不等于就是流行的装饰织物，这是两个概念，因为织物上的图案及织物所采用的原料也有流行趋势的问题。20世纪90年代，随着人们保护动物、保护环境意识的增强，以动物为题材的图案曾大行其道，内容也是强调人与动物的友好相处，反映动物温顺的一面的古典的花卉图案，花卉种类繁多，层次复杂，使用的色彩浓重，多采用写实的技法；现代的花卉图案，强调色彩的淡雅，画面的单纯，以一两个品种为主，技法以写意的为多。随着人们环境意识的增强，彩色棉、Tencel等低污染甚至零污染的纤维原料开始流行。

室内装饰织物又称"软装饰"，与其他装饰材料相比除了质感不同外，最大的优点就是其中的绝大部分可以进行更换，如随着季节的变换进行更换。随着流行趋势进行更换，它已成为人们日常生活消费的一部分。随着物质生活水平的提高，信息交流的方便，人们非常重视室内环境的时代感，因此，在装饰织物的设计中对流行色的准确把握显得尤为重要。流行元素在装饰织物中的运用是比较微妙和复杂的，但它确实在影响着织物的各个方面，并且流行的规模及影响力还在逐步扩大。

4.审美习惯

室内装饰织物的最终消费者是不同的个体人。人们对同一事物的审美习惯与价值虽然有相同点，但是不同的人由于历史、社会、地理和文化背景、宗教信仰、年龄、性别、从事的职业等的不同，他们的审美情趣是有很大差别的。在进行室内装饰织物色彩设计时，就必须认真考虑这些因素。例如在我国，人们在办婚庆喜事时，喜欢张灯结彩，偏爱用红色调的织物装饰室内环境，象征着生活美满幸福，日子红红火火；而在办丧事时，采用黑、白色织物装点环境，寓意对故去之人的怀念和哀悼。西方国家，人们在办婚庆喜事时，偏爱白色或淡雅的色彩，新娘的婚纱均为白色，以表示爱情的神圣和纯洁。针对不同的消费群体或个体设计出不同需求的装饰织物，才能使装饰织物的设计与生产具有勃勃生机，蒸蒸日上。

（三）室内纺织品色彩搭配所体现的风格

室内纺织品设计，已经成为国际上增长最快的设计领域。当人们将重心放在家庭时，时尚的变化越来越大地影响着当今的室内装饰趋势，逐渐形成了各种风格特征。

1.怀旧风格

织物经后整理技术的处理产生破旧感，如产生腐蚀、磨损、烂花、龟裂效果，通过金属嵌花或锈化处理，或采用传统的图案等，具有古朴久远的外观，满足着从过去到现代，从现代到未来的历史变迁。

2.都市风格

为体现现代都市快节奏的生活，面料采用鲜艳的色彩、简洁的几何造型，简约主义与未来主义的设计依然盛行。

3.优雅风格

装饰织物以中性色彩为主，渴望温柔、优雅，富有迷惑力和魅力；面料采用轻质的丝绸、柔软的仿毛皮，富有优雅的光泽。

4.奢华风格

时装女性化的体现，追求浪漫与性感，强调装饰性。羊毛地毯、绸缎靠垫、光滑的山羊皮、烂花天鹅绒、金银丝、层叠的蕾丝、透明水晶贴片和褶裥花边等尽现奢华。

5.居家风格

手工缝制、刺绣，传统的手织地毯图案。各类花式纱线的运用，通过富有质感与立体感的面料以及复合工艺的运用，体现出居室不同的艺术特色。

6.自然风格

来自大自然的各种花卉和叶子，通过贴片、刺绣、挖孔和拼补等形式而使家用纺织品显示出生命力，明亮的天蓝色和温暖夏日的色彩使家充满着生机。而灵感来自大地的各种色彩和质地，依然寄托着回归自然的情感。

7.另类风格

充满快乐的设计，色彩大胆、鲜明，常常富有嬉皮士风格和童趣，显示着另类和前卫。

8.对比风格

强调各种元素的对比，包括暖色与冷色对比、纺织品材质的对比、风格对比等。体现传统与现代、经典与时尚等风格，在对比中寻找新的和谐与平衡。

四、室内装饰织物的发展概况

（一）室内装饰织物的发展概况

人类利用纺织品对室内环境进行装饰的历史，可谓源远流长。在西方，特别是皇宫与王室成员的官邸里用作装饰用的纺织品最多，以此来显示他们尊贵的地位，这种追求享乐、崇尚奢侈之风在 17 世纪的法国路易时代达到登峰造极的程度。其产品追求豪华的造型、艳丽的色彩、精湛的工艺、贵重的用料，这又刺激了西方纺织业的迅猛发展。我国是历史上的四大文明古国之一，自古就有利用纺织品装饰室内环境的文化传统，但流传下来的实物已不多见，除故宫博物院中现存的以外，我们只能从文献和绘画作品中对其有所了解，其历史在我国可推至殷周时期。从故宫博物院所存的实物中可以看出，这些室内用纺织品与雕梁画栋、硬木家具、青花瓷器等相辅相成，反映出中国人在室内环境整体设计上的超凡才智，也可以看出我们的祖先在室内用纺织品设计与生产上独树一帜的艺术风格与高超造诣。

现代室内装饰织物的发展始于第二次世界大战后的 50 年代，在 20 世纪 80 年代达到兴盛。这主要是由于经济的发展，生活水平的提高，人们对美化环境、陶冶情操的装饰织物的需求越来越迫切。可以说，装饰织物在纺织品总消费中所占比例的高低，可以反映出一个国家的工业水平及人们生活水准的高低。

1.我国室内装饰织物的现状与发展趋势

我国对现代室内装饰织物的开发起步较晚，在20世纪80年代中、后期初具规模。由于经济水平和人们生活富裕程度的限制，我国的纺织装饰品与发达国家相比，无论从质量上还是从数量上均有相当大的差距。这说明我国室内装饰织物市场的发展空间还很大。随着我国经济改革的不断深入，市场化生产经营规模的形成，人们生活水平的不断提高，我国室内装饰织物从设计、生产到消费都出现了方兴未艾之势，这从以下三方面可以看出。

（1）产品更新花带的皮律加快。随着生产和消费市场的不断开放，信息交换更加迅速，产品间的竞争更加激烈，我们的设计人员也紧随世界流行趋势，不断开发出新的产品。从市场上可以看到，人们对产品的档次要求不断提高，织物的花色品种更新换代的速度也在加快，许多曾经热销的品种正在被更多高档次的新品种取代。

（2）人们对室内装饰织物的需求急剧增长。随着人们生活水平的大幅度提高，10年前只有在星级宾馆内才能看到的地毯、壁挂、墙布、布艺沙发、提花双层窗帘、床罩等室内装饰织物，如今已大量地出现在寻常百姓人家，其配套产品已成为普通百姓的日常用品。此外，建筑业和旅游业的蓬勃发展，也使得室内装饰织物的消费量与日俱增。

（3）使用更先进的技术装备。由于历史原因，在20世纪80年代大多效的纺织、印染设备比较落后。而那时，室内装饰织物的生产、消费刚刚形成规模。目前国内一些企业从设备的先进程度到生产规模均已达到世界级水平，具备了生产高档室内装饰织物的能力，其产品也逐渐被国际市场认可。

2.国际室内装饰织物的发展概况

欧美国家由于工业化水平较高，其室内装饰织物的设计与工业化生产起步较早，因此形成了相当稳定的生产规模和巨大的消费市场。在这些国家里，有众多专门从事室内装饰织物设计的设计室、制造商、专卖店和展览会。巨大的经济利益使国际室内纺织品产业持续发展，发达国家用于装饰织物生产的纤维消耗量占纤维总量的1/3，有的甚至超过了服用织物纤维的消耗量。

（二）现代纺织装饰品设计的发展趋势

随着人们物质文化水平的提高，对室内装饰物的要求越来越高，无论对它的实习性还是装饰性均提出了更高的要求。而生产技术水平的提高又使得满足人们的这些要求成为可能。当前国际高档装饰织物的发展具有以下几个趋势。

1.装饰织物向多功能、多用途方向发展

在快节奏的现代生活中，人们总是希望使用多功能而又方便的用品，对装饰织物的需求也是如此。因此，设计人员在设计时除应考虑某种装饰织物的一般功能和用途外，还应根据需要赋予其更优异的特性和更广泛的用途。如对室内装饰织物的阻燃性处理，人们在美化环境，追求生活舒适之余，更加重视室内消防安全。例如，人们希望室内装饰织物能够遇火不燃，而装饰织物在这一方面却比较薄弱。欧美、日本等发达国家对这方面极为重视，他们的室内装饰织物均须进行阻燃处理，有各自的国家和行业标准。我国逐步认识到这一点的重要性，因此，对装饰织物的阻燃性处理已成为设计人员致力研究解决的问题。又如，目前流行的绗缝被，既可以作盖被又可作床罩，颇受消费者的欢迎。因此，室内装饰织物的多功能、多用途是其发展方向之一。

2.室内装饰用纺织品向成品化、配套化、系列化发展

为了适应现代生活的快节奏，各种装饰织物到达消费者手中之前应该加工成各种规格系列的产品，以供消费者选择，如各种规格的窗帘、床罩等。而装饰织物产品的配套化，是指从纤维的原料、品种的质地、花纹图案、色彩效果、造型款式以及加工方法等多种要素的协调统一，这样从产品的外观品质到内部结构给人以整体的美感。例如，室内的墙布、地毯、窗帘、帷幔、床罩、枕套、沙发布、台布等，这些装饰织物在体现各自功能的基础上又具有某一共性，或织纹或色彩效果或造型款式等，可以在室内装饰环境中突出某一主旋律。配套的范围可大可小，这完全取决于消费者的审美习惯与要求，既可是室内装饰织物的全部配套，也可是某个部分的局部配套。

3.装饰性与现代技术融为一体

随着科技的发展，装饰织物设计在表现高水平装饰效果的同时，还在传统纺织工艺中融入了当代科技之长，采用新技术、新工艺的装饰织物具有独特的实用性和美感。例如，国外开发出一种新型的窗帘，利用真空镀膜技术，在涤纶网眼织物上镀一层铝薄膜。这种窗纱由于有一层金属膜，既能反射光和热辐射，但又不完全排除光线，可以使室内光线柔和而又具有隔热作用，再配以现代的建筑装饰，则使室内外环境显得非常现代。另外，许多装饰织物需长期暴露于空气中，而又不便于清洗，因此国外有公司研究对织物进行防油、防污、防水等后处理，使其具有多种功能，现在已有成品上市。

第五章　纺织品图案的构成与表现技法

在现代纺织品设计中，图案设计是非常重要的组成部分。本章将围绕纺织品图案，对其风格和发展、构成和形式以及表现技法进行详细论述。

第一节　纺织品图案的发展与风格

一、纺织品图案的发展

纺织业在世界范围内，对于任何一个国家来说，都是一个非常重要的领域。因此，接下来，我们就从我国的纺织业和世界范围内的纺织业出发，对纺织品图案的发展历程进行阐述。

（一）中国古代纺织品图案的发展历程

纺织品从无到有，再发展到今天，是一个漫长的过程。我国的纺织品在染、绣、织、印等技术方面，已经有了非常悠久的历史。

我国的纺织业，可以说从人类诞生之时就开始了。据考古学家发现，在距今2万~5万年之久的山顶洞人居住遗址——北京郊区的房山区周口店龙骨山，已经有骨针的存在了。它是绣花针的始祖，这就标志着缝纫工具的发明与缝纫时代的开始。后来经过考古学家的进一步考察，发现早在一万八千年前的山顶洞人，已知道将青鱼眼骨和穿结用的线染成红色，以作为装饰品美化自身。这应是原始艺术的萌芽，也可看作是染色技术的萌芽。约7000年前的新石器时期，居住在青海柴达木盆地的原始部落，已能将毛线染成红、黄、褐、蓝等颜色。

中国刺绣起源很早。相传"舜令禹刺五彩绣"，夏、商、周三代和秦汉时期得到发展。其风格表现壮丽雄魄，色彩对比强烈，线条的变化刚柔曲直，绣纹主要有龙、凤、虎等与神话或民间信仰有关的珍禽猛兽。

商周时期，染色技术已有了相应的提高和发展。其中，专门从事纺织品加工的作坊就已经有了精练、漂白、染色、手绘等工艺。染色方法也有了一次染和多次染(套染法)，已能利用三原色原理套染出多种色彩的纺织品。殷墟出土文物中的方格纹和菱形织纹的残绢，证明了商代的织造工艺已能织出平纹和斜纹；长沙墓中出土的丝织品，则见证了在周代末年已有精美的锦绣织物。

春秋战国时期，丝织物图案已非常复杂。这个时期出现了镂空型版、凸版印花技术，这一技术的产生，对提高纺织品的档次，增加纺织品的花色品种产生了重大影响。多彩织锦渐趋兴盛，刺绣工艺进入成熟阶段。如山东齐鲁的细薄丝织品和五彩绣品已是闻名全国，湖北江陵出土的战国晚期丝织品中，以多种彩色丝绣出的蟠龙飞凤、龙凤相蟠纹和龙凤虎纹已非常精美，如图5-1-1所示。

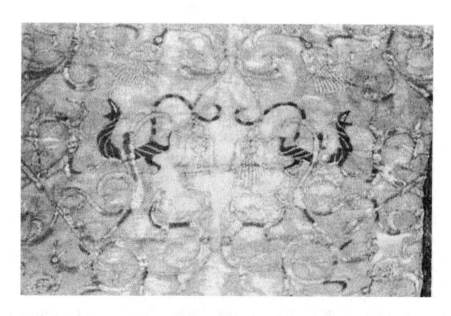

图5-1-1　战国晚期彩丝绣龙凤虎纹丝织品

秦汉时期染织工艺，有了更进一步的发展。汉代刺绣已有很高水平，在马王堆出土了大量西汉丝织品和刺绣用绢、罗的绣料。这个时期，人工拉花机业已基本定型，拉花机使丝绸织物品种大增，色彩绚丽多彩，为开通丝绸之路提供了源源不断的货源，创造了中国丝织品的辉煌。凸版印花技术，也已经达到相当的水平印花敷彩纱和金银印花纱，采用凸版印花加上彩绘制作的长沙马王堆出土的纺织品已相当精美，如图 5-1-2 所示。其图纹细腻，印花接版准确，说明当时已成功地掌握了印花涂料的配制和多套色印花技术。在新疆民丰，东汉墓发掘出土的"蓝白印花布"，也进一步说明汉代印染工艺达到了精巧的程度。

图 5-1-2 马王堆帛画

隋唐时期，艺术创作可称得上是最兴盛、最辉煌和最灿烂的时期。织锦上的花纹图案较前朝更多，从隋唐到宋，织物组织由变化斜纹演变出缎纹，使三原组织趋向完整。

当时，织物图案的制作工艺不仅有织绣，还有战国时期和汉代的凸版、镂空版印花技术，以及夹缬、蜡缬、绞缬等方法，这些都是我国最早的防染印花方法。当时已有了"五色夹缬罗裙"的记载，可见我国印染工艺在一千多年前已达到了相当的水平。

宋代，朝廷设有许多官局专司丝织纹样的管理，纺织品花纹和色彩富丽而繁多，以牡丹为图案资料主要就是从这个时期开始的。当时仅采用的牡丹样式就有两百多种，其组织方法也打破了过去对称的结构形式，在织锦图案上多采用穿枝牡丹和西藩莲。这一时期，中原地区植棉技术的提高，促进了棉布生产业的发展，也促进了蓝印花布的发展。木板镂空印花也逐步转为油纸镂刻漏版印花，提高了效率，也使纹样更趋精美。

明清时期，纺织印染手工作坊增多，印染工艺更为先进，镂空版印花技术继续保留，同时又发展了刷印印花工艺，生产效率大大提高。拔染工艺也在这个时期得以开发。染织图案到元、明、清时虽然发展不是很大，但仍出现了一些织绣名锦，如"纳石失"金锦和利用发绣完成绘画之制作的"顾绣"。北京定陵博物馆保存的明代刺绣百子图的绣衣，其中百子游戏形态万千，绣纹细腻（图 5-1-3）。

图 5-1-3　百子图绣衣

（二）世界范围内的纺织品图案发展

公元前 5000—公元前 2000 年，南美大陆安第斯山脉产生了高超精美的染织品。这个时期的染织品，被称为前印加时代染织或前印加文化。如图 5-1-4 和图 5-1-5 所示，分别为印加图案中的半神半兽形象和这种图案中常用的形式。

一些历史学家认为，印度是印花工艺的发源地。这是因为早在公元前3000 年左右，印度已经开始用木板粘上茜红印染花布。公元前 1400 年左右，印花布产品在印度已非常盛行，并曾向中国贩运和销售。

历史上残存的，至今最古老的印花织物来自埃及，如图 5-1-6 所示，这是从埃及 4 世纪的柯普特人的坟墓里发掘的木板版型及印版残片。随着埃及印花技术的发展，在 6 世纪时，已经能使用三色印花了，可见这个时期的印花技术已经相比 4 世纪有了很大的进步。在 5—6 世纪，埃及初期柯普特人创造了一种新的织物式样，被称为柯普特式样。这种样式的织锦具有东方基督教色彩。这种织物式样从4世纪一直流传到12世纪，经历了几百年的历史沧桑。

公元4世纪，中国丝绸在罗马已具有相当的名气。

图 5-1-4　印加图案中的半神半兽形象　　　图 5-1-5　印加图案中的常用形式

公元555年，两基督祭司将蚕种、桑种藏于竹杖中带出中国，传播到拜占庭，从此丝绸业在这里得到推广与发展。同时，波斯、中国、希腊、伊斯兰等地相互影响、补充，构筑了拜占庭独特的综合纹样艺术。同时，该时期出现的西方三大徽章图案，对织物纹样形成了极大的影响，这三大徽章图案分别是英狮子徽章纹样、法百合徽章纹样和拜占庭鹫徽章纹样。

中国丝绸之路为中国纺织品文化的外传提供了便利。先是7—8世纪，中国丝绸通过"丝绸之路"西进波斯、拜占庭。然后是13世纪以后，中国题材的丝绸大量涌入意大利，促进了欧洲印花纺织品的发展。这个时期，先在德意志的莱茵河流域出现了印花纺织品，是当时具绝对权威的教会要求其下属的印花作坊以低廉的价格仿造东方的，尤其是中国的丝绸锦缎。继德国之后，意大利威尼斯成为印花设计中心。这个时期出现的边框线加传统风景、人物、田园风光的印花布色彩丰富，十分受欢迎。如图5-1-6所示，便是一种边框线加图案的印花布。

13世纪，在哥特时代的意大利丝绸中心卢卡，织物上出现了大量的东方怪兽、植物纹样等带有东方神秘色彩的题材。这在当时也成为一种十分盛行的潮流。

图 5-1-6　边框线加图案的印花布

14 世纪，卢卡开始仿制中国丝绸纹样，织工们把中国绸缎的莲花纹改成蔓草纹，将凤凰改为西方式的中国形象，并把欧洲人不熟悉的题材变成他们熟知的形象重新编排和应用在织物上，以适合欧洲民族文化的特点。于是，很多中国题材被西方化，迎合着欧洲人的欣赏趣味。在这种现象的盛行下，当时的织物上便出现了大量中国题材西方化的纹样。如图 5-1-7 所示，便是当时的产物。

图 5-1-7　中国题材西方化的纹样

15 世纪，由于西班牙丝绸融合了西班牙风格和哥特风格，以横条为主的纹样由多角星和鸟纹配合组成，并配有中东生命树。可以认为这个时期的纹样，是从伊斯兰样式逐渐向欧洲样式转换的一个变化过程。

17 世纪，整个欧洲地区掀起一股销售购买印度花布的热潮。尽管价格昂贵，但仍然形成流行趋势。萨拉萨花布的热销，给欧洲的文化与经济带来了极大的冲击。如图 5-1-8 所示，便是当时流行的印度花布的样式。

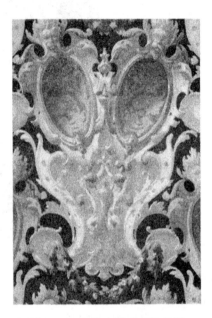

图 5-1-8　印度花布　　　　　图 5-1-9　巴洛克样式织物纹样

17 世纪的染织美术，继承欧洲文艺复兴时期的美术风格，创造了巴洛克样式的织物纹样，如图 5-1-9 所示。巴洛克样式的织物纹样在题材的选择上，也不是一成不变的。初期的创作题材是自然花卉，后期创作则以莲花、棕榈叶构成古典的流线涡卷纹与其他新颖奇特的题材相结合。

18 世纪，法国里昂发展成为世界丝绸织造业中心，里昂的丝绸织造业把优秀的图案设计家称为企业的灵魂。他们的功绩就在于，把生动的花卉写生形象设计成精美而轻松的洛可可织物纹样，并使其栩栩如生。如图 5-1-10 所示，便是洛可可织物的纹样。

18 世纪中叶，法国生产印花布。从此，欧洲印花工业才真正走上迅速发展的道路。著名的朱伊印花厂，就是这个时期首屈一指的印花工厂。如图 5-1-11 所示，便是该工厂生产出来的朱伊印花纹样。

图 5-1-10　洛可可纹样

图 5-1-11　朱伊印花纹样

　　截至 1780 年，之前我们所说的所有印花织物都是人工制造的，但是自从 1780 年苏格兰人詹姆士·贝尔(J.Bell)发明了第一台滚筒印花机，纺织品印花便正式步入了机械化加工的时代。随着这个时代的到来，各种各样的机械化发展越来越迅速，到 1830 年，人们又开发出滚筒网纹雕刻技术，使得印出的纺织品图案更加精细，色彩更加丰富。甚至在 19 世纪初，在法国出现了具有现代雏形的提花机，以纹板代替了人工拉花。

　　1810 年前，世界印染业一直使用植物染料。这之后发现了色牢度优异的绿色染料，揭开了染色、印花工艺历史的新篇章。1835 年，发现并使用矿物染料。1856 年，发明了合成染料，奠定了现代染色、印花工业发展的基础。

　　1840 年，鸦片战争五口通商之后，帝国主义国家的机印花布开始进入我国市场，先后在我国上海、青岛、天津建立纺织印染厂，对我国的农村土布和蓝印花布形成很大的冲击。这时花布的风格，大部分带有东洋或西洋的色彩。

　　1931 年后，我国民族资产阶级也相继在上述三个城市开创了纺织印染厂。第二次世界大战爆发后，厂家逐步增多，品种也有所增加，国内印染业才得以发展。

　　1944 年，瑞士布塞(Buser)公司为适应小批量、多品种的生产，研究制造了全自动平网印花机。它的诞生，也为荷兰斯托克(Stork)公司的圆网印花机的问世打下了基础。同时，这些印花机的发展与应用，奠定了西方工业国家在现代纺织品印花技术领域的领先地位。

　　1949 年后，我国的纺织印染业得到了迅速的发展。这个时期的印花方式，一直还采用锌板镂空型版印刷技术和滚筒印花。1958 年，上海率先在床单生产上将锌板印花改进成网动式平网印花机，大大提高了工作效率并改进了印制质量。1973 年，我国从斯托克公司引进了第一台 RD-T-HD 型圆网印花机；1987 年，从瑞士引进了第一台 V-5 型特阔幅平网印花机，使设计者在图案设计中有了更大的平面空间和回旋余地，印花效果更加精致，色彩更加丰富，花型排列更有特点，花型结构更加活泼。

　　20 世纪 70 年代，计算机应用于纹织工艺，开发了纹织 CAD，使意匠、纹板轧制摆脱了手工操作，极大地提高了工作效率。1983 年，第一台电子提花机在英国问世，它去掉了外在纹板，把纹织 CAD 和 CAM 直接结合，达到了纹织工艺的历史性飞跃。

　　1967—1977 年间，又诞生了一种新的印花方式——转移印花工艺。这种印花方式完全改变了传统的印花概念，在 90 年代被大量引进。这种印花方式的引入，确实为生产厂家带来了很多有利之处。例如，它将生产与销售的关系处理得更灵活，减少了产品的积压。而且从保护环境的角度讲，这种印花方式大大减少了对自然界的污染。不仅如此，这种印花方式更让设计师的创作思维产生飞跃，印花图案更富艺术性，层次更加丰富，形态更加逼真。

随着时代的进步，更多新型的印花方式在不断诞生。例如，近些年又诞生了一种更加先进的印花方式——数码喷墨印花。数码喷墨印花，是集机械、电子、信息处理设备为一体的高新技术印制方式。它直接将图案输入电脑程序进行印花，这样可以有效减少工序，节省时间。如描稿、制版等工序都可以省略掉。数码喷墨印花工艺，更彻底地解除了对设计者创作思维的束缚，是未来印花技术发展的方向。

还有微胶囊印花方式，通过特种工艺，使附着在织物上包含着染料的微胶囊破裂后产生自然而缤纷的图案。这种把染色和印花合并为一个程序的生产方式，更加体现了科学与工艺紧密结合的迷人魅力。

二、纺织品图案的风格

以下主要介绍三种纺织品图案的风格。

（一）古典图案

1.15 世纪盛行的纹章图案

纹章图案最早始于中古时期的英国。古代欧洲人常常用纹章来作为一个家族、团体、城镇、学校或企业等的一种图案标志。特别是鹰的形象在纹章中出现的频率是非常高的，因为这种标志在人们心中象征的是集团的权力、生命力和集团间的关系。鹰作为象征权力的鸟，特别被人们重视，于是具有鹰的形象的纹章被称作"Eagle"。

这是初期的纹章图案。15 世纪，欧洲佛朗达斯地方把这种纹章移用到印花的麻布上。后来他们将带有各种象征性图案的盾牌也加入纹章图案中，再配上一些植物与动物的图案，使原本简单的纹章图案逐渐演变成了复合图案。

随着时代的发展，原本的纹章图案也逐渐发生了更多变化。20 世纪70 年代，这种图案得到了很大发展，并成为当时的流行花样。设计师把纹章与戴着各种古代欧洲盔甲的武士、古代的兵器或动植物图案结合在一起，仿佛在诉说一段长很的历史故事。这便赋予了这种图案一种深厚的文化底蕴。而且这种图案的表现形式也越来越多样化，人们常用多色钢笔勾线或用少套色铜版画技法来表现，图案细致严谨、穿插生动、宾主呼应。甚至到了 80 年代初，仍有很多人在沿用这种图案的形式，很多地区的男式 T 恤采用这种图案。

图 5-1-12 即为纹章图案。

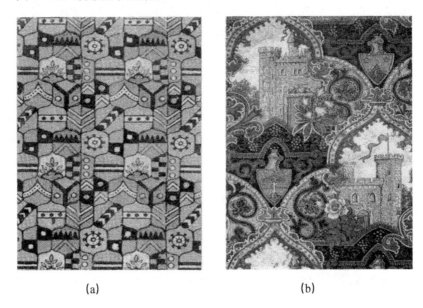

(a)   (b)

图 5-1-12　纹章图案

2.16 世纪盛行的朱伊图案

16 世纪，欧洲航海家从东方带回了印度花布。在印度花布的影响下，1648 年，作为东西方贸易门户的马赛开设了西欧第一家棉布印染工场。印花棉布凭借着结实、耐洗、物美价廉的特点，很快得到了人们的普遍喜爱。在这种情况下，德国人 Oberkampf Mill(奥贝尔·康普，1738—1815)想到了商机。于是 1760 年，他在巴黎附近小镇朱伊开设了一家棉布印染工场，专门生产美丽精致的花布，人们被纷纷吸引过来。尤其是因为朱伊镇靠近凡尔赛宫，有着优越的地理位置，所以吸引了很多王妃贵妇纷纷到朱伊镇抢购印花布。1783 年，Oberkampf 的工场被授名为"王立工场"，朱伊镇很快成了欧洲染织中心和法兰西经济与文化的象征。Oberkampf 工场生产的印花布被称为"朱伊花布"。

对 Oberkampf 工场成功的主要原因进行总结，可以归纳为以下两点。

（1）该工场在技术上进行了创新型改革，用铜版印花取代了木版印花，后来又开发了铜辊印花。

（2）Oberkampf Mill 聘请了一些在当时颇有名气的画家为工厂设计，开创了新型的花布图案。在图案设计过程中，他们摆脱了欧洲印花绢丝花样一味对印度图案的模仿，充分发挥了铜版印花精致细腻的特点。另外，这些画家还充分利用了西洋绘画中的透视原理与铜版蚀刻画的技法，来表现印花图案。这是朱伊花布的首创。

在这些图案中，画家们的题材主要来源于以下两点。

（1）用单色的配景画，主要以南部法兰西田园风景为主题，有时还穿插一些富有幻想色彩的描写中国风俗和风景的题材。

（2）在椭圆形缘饰内，配以西洋风格的人物或希腊、罗马神话及传说的神和动物等具有古典主义风格的图案。这种图案具有富丽凝重、雍容华贵的特点，也是一种独创的风格，被称为朱伊图案，曾经风靡整个欧洲。20 世纪 60 年代在世界范围内再度流行，目前在欧美国家仍受许多消费者的喜爱。

下面通过三幅图来欣赏一下当时盛行的朱伊图案，如图 5-1-13 所示。

(a)

(b)

(c)

图 5-1-13　朱伊图案

3.17 世纪盛行的巴洛克图案

巴洛克风格是在自然科学的发展和对新世界的探索，中产阶级的兴起和中央君主专制集权的加强，宗教改革运动的起伏斗争的背景下产生的。

巴洛克图案的最大特点，就是贝壳形与海豚尾巴形曲线的应用。后期的巴洛克图案采用莲、棕榈树叶的古典图案，古罗马柱头菪苔叶形的装饰，贝壳曲线与海豚尾巴形的曲线，抽纱边饰、拱门形彩牌坊等形体的相互组合。发展到后来，巴洛克图案还融入了很多异国的情调，如中国风味的注入。在巴洛克图案中，加入中国的亭台楼阁、仙女、山水风景以及流畅的植物线条、曲线形和反曲线状茎蔓的相互结合，使其图案逐渐向洛可可图案演变。

下面对巴洛克艺术风格的发展概况进行简要分析。

16 世纪末，天主教教会"多伦多会议"决议把罗马装饰成"永恒的都市""宗教的首都"。于是就开始了大规模的装饰计划，巴洛克风格成为这次装饰计划的楷模，教皇尤利乌斯亲自参加这项计划。这一风格席卷了整个欧洲，持续了整整一个世纪，所以有人把整个 17 世纪的美术称之为巴洛克时期。后来，这种风格一直深入到欧洲所有的文艺领域而出现了"巴洛克文学""巴洛克音乐"等。

巴洛克艺术风格盛行于 17 世纪，它的重要成就反映在教堂和宫殿的建筑和装饰上，它所追求的是把建筑、雕刻和绘画结合成一个完美的艺术整体。在这样的大环境中，巴洛克的工艺美术主流，是围绕建筑而兴盛的染织工艺、木工艺和玻璃工艺等。在整个 17 世纪，它们都在充分利用文艺复兴工艺美术成果的基础上获得新的发展。

进入 18 世纪之后，新古典主义盛行，巴洛克艺术被认为是一种奇异的艺术或文学风格，因为它完全背离了现实生活和古典传统。于是巴洛克作为一种艺术风格的名称，后为史学界所沿用，不仅指文艺复兴之后的意大利艺术发展的一个阶段，也包括 17 世纪整个欧洲的艺术。

虽说巴洛克艺术风格盛行的时间并不是很长，但是巴洛克时期的工艺美术在西方工艺美术史中起到了承前启后的作用。它是洛可可风格工艺美术的一个声势浩大的前奏，是向欧洲近代工艺美术过渡的重要标志。

下面我们通过一幅图来欣赏一下巴洛克风格的图案，如图 5-1-14 所示。

图 5-1-14　巴洛克风格图案

（二）现代图案

1.补丁图案

补丁图案起源于 18—19 世纪美国妇女缝制的美国绗缝制品。补丁图案也称布丁图案，其形式与我国的"百衲衣"或"百家衣"的图形十分类似。补丁图案一般分为美国传统型和其他民族的传统花型。

美国传统的补丁绗缝制品，是将不同的小块印花布缝制在一起，并以此来形成漂亮的几何、写实或无规则的图案。而亚洲、非洲或其他民族的传统花型的色彩通常是比较鲜艳的颜色，通常用柔和的色彩配合来使用。图案的尺寸可大可小，小型图案用于服饰，并可结合大型图案用于家用纺织品。中国补丁图案的家用纺织品，曾很受欧美国家的欢迎。

能够营造出良好的补丁效果的图案技术基本上可以分为两种。一种是采用自由的构图和特定的印花技术，在图案的每个块面做相拼的趣味。另一种补丁图案技术是将花型裁剪下来后，用缝纫方法将它缝在地布上，以此来创作出各种几何和写实的图案来。这种技术被称为贴花技术。当然，无论是采用哪种技术都要注意一点，印花时，在地布上一定要出现缝纫针迹，以便获得贴花效果。

如图 5-1-15 所示，即为补丁图案。

(a)　　　　　　　　　　　(b)

图 5-1-15　补丁图案

2.点彩图案

在第一章中曾提及，点在艺术创作中是最为常用的一种元素，同时它也是装饰艺术中一种常见的手法。通过修拉色彩神奇的创造，普通的点会变成一种宛如斑驳的阳光或飞舞的光点的协奏，成为色与光的神话。

1886 年，法国画家修拉及其追随者西涅克、毕沙罗父子等印象派画家在第八届印象派美术展览会上，展出了斑斓触目的点彩画作品。他们这种新奇的、不同于早期印象派的独特风格，使得他们的作品一经展出，就在印象派内外引起了激烈的争论。人们将它们的风格称为新印象派。他们在作画的时候，将自然中存在的色彩分解，用排列有序的短小的点状笔触，像镶嵌那样在画面上以并列的技法作圆，被称为点彩派。

点彩派美术出现后，很快被运用到印花织物图案的设计中。点彩图案还被称为新印象派图案、点画图案、点子花图案等。点彩图案对于印花设备的适应性，是其他织物图案所无可比拟的，它可以适应任何机械设备和手工工艺的加工。因为点彩派的独特作画风格以及不同于以往的作品特征，它们的作品被作为最早的现代图案经常出现周期性流行。如图 5-1-16 所示，便是典型的点彩图案。

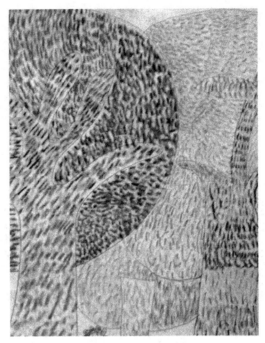

图 5-1-16 点彩图案

3.欧普图案

在现代印花纺织产品中，有一种新型的图案受到人们的广泛欢迎，即欧普图案。所谓欧普图案，指的是那些令视觉产生刺激、冲动、幻觉的图案。这种图案在西方被称为 OP' Design，是 Optical Design 的缩写，可译作"光幻图案""错视图案"或"视幻图案"，又被称为"幻觉图案""原子信号波图案"等。

欧普图案一般采用较少的色彩来表现复杂的画面，黑色在画中起着十分重要的作用。因此，一些以黑白或单色几何形构成的图案，总能给人耳目一新的感觉。欧普图案的纺织品，深受都市新兴贵族的喜爱。

欧普图案的创作代表，有德国出生的美国画家约瑟夫·艾伯斯(Josef Albers)和原籍为匈牙利的法国画家维克多·瓦萨尔利(Vietor Vasarely)。日本的一些图案专家认为，古代日本就已经懂得采用类似手法运用于和服图案。

如图 5-1-17 所示，便是典型的欧普图案。

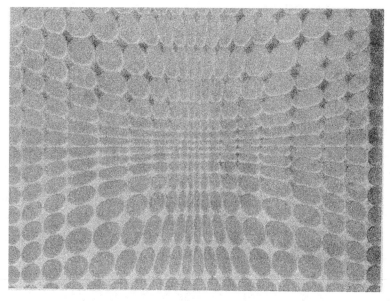

(a)

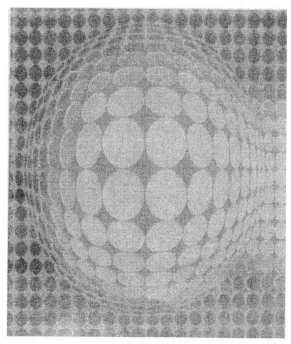

(b)

图 5-1-17　欧普图案

（三）民族图案举例

以下将对具有代表性的国内外民族图案进行简要介绍。

1.中国民族图案

（1）苗族。苗族人多居住在崇山峻岭之间，这样的地理位置对于城市里的生活条件来说，确实相对落后和艰苦。但是对于一个民族的文化风俗的形成来说，它确实非常有益的——它能够保持住那种古朴纯真的风俗民情，包括纺织文化。

苗族服饰锦绣繁华，并以夺目的色彩、繁复的装饰和丰富的文化内涵著称于世。苗族图案承载了传承本民族文化的历史重任，从而具有了文字部分的表意功能，并且具有色彩夺目，装饰繁复的特点。例如苗族服饰挑花图案中，有两种图案分别叫作"弥埋"和"浪务"，具有象征性的意义。其中，"弥埋"意为大马，"浪务"意为水浪，两者结合，象征苗族在迁徙过程中历经了无数艰难险阻。将这样的寓意融入服饰和刺绣当中，突出了苗族的民族特色，也更容易给人们带来深刻印象。

如图 5-1-18 所示，人们身上穿的便是绣着苗族图案的衣服。

图 5-1-18　苗族图案

（2）土家族。土家族织锦叫作西兰卡普，它是一种具有独特民族风格和浓厚乡土气息的织物形式。西兰卡普图案艺术造型，具有很强的可视性，因此，它成为民间文化中最直观和普及的形式之一。

西兰卡普的形成，与土家族人民的生活方式和生活环境都有着很大的关系。土家族人长期生活在大山中，这就决定了他们在创作织物图案的时候，势必会以大山中所能见到的生物为创作题材。

图案题材归纳起来有自然万物、各种风俗、神话传说、几何图形、原始象形文字、生活用具六类，现在又有更多的现代题材表现的图案品种。土家族人民以这些题材创造了很多种图案，已经定型的传统图案有120余种，加上现代风情图案和创新图案约有200余种，但能够织出的传统图案只有80余种。

西兰卡普来源于土家族人的生活行为和他们的想象，题材多受山地生活影响。丰富的素材赋予土家人丰富的想象力与表现力，也赋予西兰卡普更加深刻的内容和大山的原野气息。

随着文化的发展和交融，土家族的织物也受到汉族刺绣的影响，出现了很多现代题材，如野鹿衔花、双凤朝阳、狮子滚绣球、鲤鱼跳龙门、十二生肖、蝴蝶戏牡丹等。

如图5-1-19所示，便是典型的土家族织物图案。

图 5-1-19　土家族图案

2.印度图案

印度是世界文明古国之一，大约在公元前5000年就已经有了棉花的纺织，丝织业也发展得较早，曾产出世界著名的达卡薄洋纱以及金银线织成的金考伯、多重锦。除此之外，古代印度一直是印花技术比较全面的国家。根据英国美术研究者贝加的考证，印度早在公元前 400 年，就已经出现了印花布，而且发展非常迅速，在公元前 300 年已经能生产精美的印花织物麦斯林薄纱。说到印花技术，印度不但有扎染、蜡染等印花技术，而且很早就已经有了木板凸版印花与铜版印花，这对丰富印度的织物图案起到了很大的帮助作用。

15 世纪和 16 世纪，印度花布在欧洲极为流行，打击了传统的欧洲丝织业，甚至引起了欧洲的经济危机。16—19 世纪，印度的印花布有了很大的发展，并且成为欧洲初期印花业的样板。印度的传统图案对欧洲和世界图案有着持久的深远影响，并且经常出现在世界流行花样之林。在人们的印象中，印度图案是非常富丽凝重、精美纤丽的。

之所以印度图案能够持续影响世界纺织品装饰，与它们对生命树的崇拜，繁缛精致、变化多端的线条，含蓄、典雅而强烈的色彩，对比强烈、独具韵味和律动的造型，是息息相关的。

通过对印度传统图案进行研究和分析，它们主要来源于两个方面。

(1) 起源于对生命之树的信仰。受这种信仰的影响，人们在制作印花图案的时候，多取材于植物图案，如石榴、百合、菠萝、蔷薇、风信子、椰子、玫瑰和菖蒲等。

(2) 起源于印度教故事与传说。这种主题给印度图案，带来浓烈的宗教色彩和明显的伊斯兰教装饰艺术风格。图案有着清晰的轮廓和强烈的装饰性，在拱门形的框架结构中，安排代表生命之树的丝杉树和印度教传统的人物故事以及动物形象，有稳定对称的效果。

传统的印度图案的色彩，以土耳其红、靛蓝、米黄、棕色和黑色为主。但是历史上由于亚历山大与阿拉伯人的入侵，印度图案受到了阿拉伯图案与波斯图案十分深刻的影响，至今的印度图案仍能看到波斯图案中左右对称和交错排列的影子。

如图 5-1-20 所示，便是典型的印度图案。

3.佩兹利图案

佩兹利图案发祥于克什米尔，因此又被称为克什米尔图案。由于佩兹利图案都是用涡线构成，故而又被称作佩兹利涡旋图案。对于这种图案的起源和应用，很多国外专家都持有不同的意见。有些认为它起源于土耳其，有些认为它起源于印度，源于印度对生命之树的信仰。甚至很多人对其图案的内涵和象征意义也做出了相应的探究。当然，不同地区的人们对这种图案的称呼也不一样，并不是所有地区都把这种图案称为佩兹利图案，而是根据当地常见的与图案相似的五种形态进行命名。

(a)

(b)

图 5-1-20 印度图案

　　佩兹利图案，是一种适应性很强的民族图案。起初，克什米尔人把这种图案用提花或色织的形式表现在纺织物上，更多地用于克什米尔毛织的披肩上。伊斯兰教把这种图案当作幸福美好的象征。18世纪初期，苏格兰西南部小城佩兹利的毛织行业采用大机器生产的方式，常常用深暗的色彩通过机织或刺绣的方法表现于羊毛织物上，受到人们的广泛欢迎。因此，大量使用这种图案并织成羊毛披肩、头巾、围巾销售到世界各地。

　　20世纪末，隽美而蕴涵智慧的复古思潮冲击了整个西方世界，使各种古典的纺织品图案持续流行。佩兹利图案因它最适合于表现古典、华贵的形式，而成为最受欢迎的纺织品图案之一。

　　如图5-1-21所示，便是形式多变的佩兹利图案。

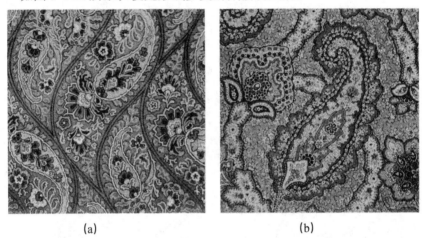

(a)　　　　　　　　　　　　(b)

图 5-1-21　佩兹利图案

第二节　纺织品图案的构成法则及其形式

一、纺织品图案的构成法则

纺织品图案都具有共通的构成法则，具体表现为以下三个方面。

（一）节奏与韵律

节奏与韵律，是纺织品图案构成表现的基本美感形式。节奏与韵律所产生的视觉美感，反映在纺织品图案中能产生各种不同的风格：时而明快强烈，时而柔美灵动。节奏与韵律运用于纺织品的设计中，主要表现在造型的排列变化与色彩的轻重浓淡上，追求一种优美律动的图案风格。下面，我们就对图案的节奏和韵律表现进行简要分析。

节奏是事物的一种特有的机械运动规律。我们通常知道的是音乐都具有很强的节奏感，如音乐节拍的强弱或长短交替出现而合乎一定的规律。但是，其实图案的造型也是可以论节奏感的，如造型具有曲直、刚柔、长短、疏密的对比变化，这些都构成其不同的节奏感。节奏运用在纺织品的设计中，主要突出物象要素的连续反复所产生的视觉感受，表现为规则有序、节奏明快的图案风格。例如，从图 5-2-1 中便能清晰地看到图案的秩序和节奏。

图 5-2-1　节奏

韵律是指节奏之间转化时所形成的特征，可分为轻快、舒缓、平稳、激越、流畅、起伏等多种形态。如图 5-2-2 所示，在流畅的线条中，能看出图案的起伏波动。韵律使节奏富有情调，能引起人们感情上的共鸣。

图 5-2-2　韵律

（二）变化与统一

变化与统一，是纺织品图案构成的基本法则、基本规律。变化既包括形态、色彩的变化，也包括大小、质地、方向、疏密、虚实、冷暖、动静等其他各个方面所进行的变化。而统一是指存在于几种不同的要素之间的共通性和融合性，它在设计中可以是形式与内容的统一、形式与表现手法的统一、设计与实用的统一等。

变化和统一是两个不同的概念，但是两者又是不能分开的。所以它们的关系是既对立，又相互依存。在纺织品图案设计中，如果只有变化，没有统一，画面就会杂乱无章；只有统一而无变化，就会呆滞、死板。只有两者有机地结合起来，才能达到既协调又生动的艺术效果。另外，处理好变化与统一的关系，能使图案构成因素具有内在的联系与形式上的协调，使局部服从于整体。因此，在纺织品图案设计中，要时刻注意调整变化与统一的关系。

在纺织品图案形式中，变化与统一的构成法则主要表现在以下三个方面。

1.造型

纺织品图案的造型，是体现变化与统一构成法则的重要因素。不同的设计主旨和设计意图，都会导致造型的差异，包括造型大小、多少等的变化。除此之外，其统一主要体现在这些具有差异性的造型又在色调和表现技法的统一下，达到了主次分明、层次丰富、疏密有序的效果。如图5-2-3 所示，展示了纺织品图案的造型变化。|

2.色彩

纺织品图案的色彩，是体现变化与统一构成法则的因素之一。色彩的统一是指无论有多少种颜色，都必须有一个主色调进行整体色彩的掌控。这样才能使得丰富多彩的颜色相互映衬、相得益彰，形成丰富协调的统一美感。如图 5-2-4 所示，整幅画面有明确的色调，主花、陪衬的花和叶子之间的色彩关系协调一致。图案形象的色彩在明度和纯度上要与底色形成一定的对比关系，产生主次分明的效果。

3.排列

纺织品图案的排列构成，是体现变化与统一构成法则的主要因素。根据设计意图将图案造型有机地串联组织起来，排列成各种变化的构成形式，产生虚实相映、疏密有致、齐中有变、相互呼应的艺术效果。如图5-2-5 所示，画面中各种植物的组合，主次排列有序，线条穿插自然、疏密排列错落有致等。

图 5-2-3　造型变化　　　　　　　　图 5-2-4　色彩变化

图 5-2-5　排列变化

（三）对称与均衡

对称与均衡，是纺织品图案构成的基本表现形式。对称与均衡的图案构成，经重复后产生的视觉美感，是设计者与消费者的共同追求。所以，接下来我们就对图案的对称和均衡进行简要分析。

对称是以中心轴或中心点为依据，在固定中心轴或点的上下、左右或四方，配置相应的同形、同量、同色的图案花形。对称图案具有稳定、庄重、匀齐的美感。对称在纺织品图案设计中应用比较广泛，偶尔会应用于全局构成或局部装饰设计，但是最普遍的还是用于装饰面料、独幅面料和服装面料的设计。对称的纹样经二方连续后，显得尤为精致典雅，协调统一。如图 5-2-6 所示是一种对称的形式，画面呈现出平稳、安定、大方的形式美感。

图 5-2-6　对称

均衡则不受中心轴线和中心点的约束，较灵活自如，是以形象的大小、多少、黑白以及色彩轻重等因素，在感知中形成相互关系所造成的视觉平衡感。均衡图案具有稳定、变化、优美、自然的美感。均衡在纺织品图案设计中是常用的构图法则，应用均衡的构图原理，打破了对称的单调感，不仅使图案富有生动、活泼、动感、变化的情趣美感，还能取得均衡统一的视觉美感。选择均衡式的构成时，应注意构成元素之间的呼应关系与整体感，否则各构成元素之间因缺乏关联而显得紊乱。如图 5-2-7 所示是一种均衡的形式，画面呈现出活泼、自由、动感的形式美感。

图 5-2-7　均衡

二、纺织品图案的构成形式

（一）独幅型构成形式

所谓独幅型构成形式，就是独立成章，而且构图完整的图案形式。这种构成形式的图案一般画幅较大，构成因素复杂，具有独立自由、潇洒大气的视觉效应。因此，需要设计者具有相应的组织能力。生活中有很多纺织品的图案设计都会用到这种形式，如地毯、桌布、靠垫、床上用品、毛巾等。独幅型的构成形式，也会因为图案的品种不同而表现出多种多样的形式，主要表现为以下四种。

1.角隅式

角隅式是一种常见的传统装饰形式。角隅图案又称"角花"。在纺织品图案设计中，可以根据实际需要，装饰一个角，也可以装饰对角或四个角，使其形成大与小、繁与密的对比。如图 5-2-8 所示，展示的便是角隅式的构图。

2.疏密式

疏密式可以分为上下疏密对比关系，也可以分为左右疏密对比关系，具体采用哪种需要根据设计需要而定。这种构图形式，能产生疏密对比、随意活泼的画面效果。如图 5-2-9 所示，展示的便是这种构图形式。

图 5-2-8　角隅式　　　　　　　图 5-2-9　疏密式

3.中心式

中心式是最常见也是最基本的构图形式。它整体稳重，呈规则状，图案中心在整幅构图的中央位置，四角配以与此相适应的纹饰，相互呼应，使用效果好。如图 5-2-10 所示，表现的便是中心式的构图。

图 5-2-10　中心式

4.自由式

自由式完全采用自由、均衡、独幅式的构图形式，具有洒脱、主次分明的装饰风格特点，能营造出时尚、有个性的环境氛围。因此，在生活中，这种构图形式多运用在现代室内纺织品的装饰中，如地毯、床罩图案的自由式构成，如图 5-2-11 所示。

图 5-2-11　自由式

（二）连续型构成形式

连续型构成在日常生活中的图案设计中很常用，如服用衣料、装饰面料等的图案设计。这种构成形式，具有重复循环、排列有序的特点。连续型构成形式又可以分为两类，分别是二方连续和四方连续。

二方连续是由一个或几个基本单生图案向上、下(又称为横向)，或者左、右(又称为纵向)两个方向反复连续的图案构成形式，具有典雅的装饰风格。如图 5-2-12 所示是以花卉题材设计的二方连续、平接版的工艺方式，适用于窗帘。

四方连续是指由一个或几个基本单位图案向上、下、左、右四个方向循环连续的图案构成形式。

图 5-2-12　二方连续

四方连续图案的构成形式，要求在一个基本单位面积内分布若干个形状，形成大小不同的单独图案。或在一个单位几何形骨架内适当地填嵌图案，要求图案分布均匀，排列有序，彼此呼应。用连续的单位图案形成大面积图案时需要多纹样进行穿插，这时要求穿插得要自然、生动。为了达到这些要求，让无论是单位图案，还是大面积图案都能够看起来生动自然，给人以美的感受；必须处理好单位面积内散点或单位几何形骨架内填嵌图案的布局排列和连续的有机衔接，并且不能出现横当与直当，即图案连续后横向或竖向由于没有或缺少图案，而形成的空当会破坏图案的整体效果。

四方连续包括多种形式，具体表现为以下三种。

1.散点式

散点构成形式，是将图案进行有规律地分散排列，根据需要可以分为很多种形式，包括一点、两点、三点，甚至可以根据不同的设计需要，一直类推到八点、九点。接下来，我们就选择几种常用的三点构成方式进行论述。

（1）一点式。一点式指单位面积内放置一个(或一组)图案，一般采用平接的接版方式，如图 5-2-13 所示。

图 5-2-13　一点式　　　　　图 5-2-14　二点式

（2）两点式。两点式指在一个单位面积内安排两个散点图案。为了使得画面更加活跃，一般可以将一个点作为主点，另一点搭配为辅点，设计成一大一小，一主一次的形式，如图 5-2-14 所示。两点式一般采用跳接的接版方式。

（3）三点式。结合前面两种点式构图，人们自然会想到，三点式其实就是在一个单位面积内安排三个单独图案。为了使画面产生出大小、主次、虚实的丰富变化，可以设计成大小不同的单位图案，如图 5-2-15 所示。三点式一般采用跳接的接版方式。

图 5-2-15　三点式

（4）四点式。四点排列是散点排列中最佳形式，适合小花型，一般排列呈平行四边形状。由于四点形状不同，因而造型较丰富，但需使四个点呈现大小不同的变化，以保证画面的层次感，如图5-2-16所示。

图5-2-16 四点式

2.连续式

连缀式排列是以几何的曲线骨格为基础，根据其骨格放置图案，并将单位图案自左、右、上、下四个方向同时连续的构图形式。连缀式构成规律性强，多用于织花图案的构图排列。连缀式排列的构成骨格，主要包括以下几种。

（1）阶梯式。用一个单位纹样形成阶梯式的错落、连缀形排列所构成的四方连续图案，如图5-2-17所示。

图5-2-17 阶梯式

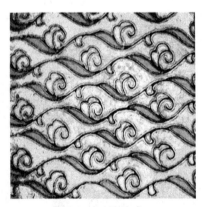

图5-2-18 波纹式

（2）波纹式。将一个单位的装饰纹样适用在波浪形的骨格内，进行连缀形排列所构成的四方连续图案，如图5-2-18所示。

（3）菱形式。在菱形骨格内设计一个单位的装饰纹样，进行连缀形排列所构成的四方连续图案，如图 5-2-19 所示。

（4）转换式。在固定的规矩形内，以一个单位的装饰纹样做倒正或更多方向的转换排列，进行连缀形排列所构成的四方连续图案，如图 5-2-20 所示。

图 5-2-19　菱形式

图 5-2-20　转换式

3.重叠式

重叠式需要有两种或两种以上的图案，将其相互重叠，进而进行有机排列。这种构图形式的显著特点，是用色彩对比和图案重叠，使画面显得更有层次感。因为有图案的重叠，所以重叠式图案中有地纹和图纹之分。

所谓地纹，就是起衬托作用的底层图案，它的图案造型、色彩搭配相对简单。而图纹就是指地纹上面的图案，它作为主体图案，造型较丰富，色彩相对协调，对比明显。如图5-2-21 所示是菱形式与散点式组合的一种构成形式，以菱形式为底，散点式为图的设计，增加了画面的层次感和空间感。

图 5-2-21　重叠式

第三节　纺织品图案的表现技法

所谓技法，是指由工具、材料决定的图案视觉形象及效果的制作技术或方法。图案的表现技法通常体现为对点、线、面及各种纹理要素的运用。而在纺织品图案中，表现技法会根据面料的质地、功能和人们对时尚潮流的需要而不同。因此，纺织品图案的表现技法是十分丰富的。我们可将其大致分为两种类型，分别是常用表现技法和特种表现技法。

一、纺织品图案的常用表现技法

（一）点的表现

点的表现又可以分为单点和集合点，我们分别来对其进行分析。

1.单点

所谓单点，是指独立的、明显存在的视觉形象。一般所说的点可以有形状、大小的不同；可单独使用，也可以组合使用；可以是单色、亦可多色；可以是有规律的、有序的，也可以自由的、有变化的。在纺织品图案中，用得最多的是圆点，在画面上单点使用，可起到静中求动、破板补白与适当补充、点缀的作用。

2.集合点

集合点指点的聚集、群化。在纺织品图案设计中，集合点的运用主要包括泥地点、雪花泥点和丝泥点三种形式。泥地点是由细小又密集的点组合而成的。泥地点可以有疏密聚散的变化，还可以有单色或多色的变化。以泥地点表现形象和底纹都可以得到理想的效果，使人获得细腻、真实的感受。雪花泥点是因为状如雪花而得名，它是一种大小不规则的泥点，花纹效果别致耐看，造型生动、自由、洒脱。丝泥点是将泥地点由密到疏顺势点成丝条状。丝泥点常常用于表现花瓣的转折，以体现其细微的变化。

（二）线的表现

线的表现也可以分为以下四种类型。

1.造型线

造型线是指单独以线造型，它是丝织图案中常用的技法之一，主要表现为三种形式：第一，工笔法，包括粗细变化一致的工笔线和有起笔、收笔顿挫变化的双勾线两种；第二，意笔法，融入了国画中的写意方法，根据造型需要不断变化线条，使得图案形神兼备，情趣盎然；第三，混合线，既工整，又按一定规律产生粗细变化，吸收刺绣工艺中的缕丝效果组成纹样，别有一番情趣。

2.包边线

包边线是指紧贴纹样的边缘，勾勒出来的一条粗细均匀的细线。一般来说，能用来做包边的线都必须具有光洁有韧性的特点，因为这样可以使得图案纹样更加细腻精致、色彩也更加统一耐看。包边线常用于多色品种的纺织品图案设计中。

3.界路线

界路线指图案重叠处的界线，包括花纹图案的结构线。界路线必须光挺、均匀、粗细适宜，不需要抑扬顿挫的粗细变化。

4.撇丝线

撇丝线是纺织品图案中最常用的技法，是指以并置且密集的线来造型。撇丝可以分为多种形式，有匀称的，也有叠加的；有光影、平面、规则、自由的效果，也有单色或复色的描绘。

（三）面的表现

常用的面绘表现技法有以下四种。

1.装饰面

装饰面也就是常说的假平涂，是指在平面形的内部添加各种纹理装饰。从不同的角度看，装饰面的造型给人的视觉效果也是不一样的。从远处看，造型单纯、简洁，有整体、统一的效果；而近看则细致、耐看，富有趣味变化。

2.虚实面

虚实面是指在平涂的基础上，以各种技法使图案的面出现由实到虚的变化，由平面向纵深发展，以表现图案的三度空间感。用到的主要技法包括以下四种。

（1）晕法。是指以单色在平涂的基础上进行渲染，使画面产生浓淡变化。

（2）泥点法。是指在平面上用深或浅于底色的单色做由密到疏的泥点衔接，以产生虚实、明暗的变化。

（3）燥笔法。是指以干而浓的颜色用笔迅速扫出效果。

（4）撇丝面。是指按照花型结构特点，撇出有粗细变化的线，表现面的转折变化。

3.平涂面

平涂面是指单色均匀涂绘且无浓淡变化，只表现形象的二度空间，效果单纯、简洁。绘制方法包括黑影绘法合留结构界路法。其中，黑影绘法是因为与黑影画有异曲同工之妙而得名，它是指以一色平涂，无纹样内部结构和纹样间的界线分割，十分讲究纹样的总体效果和外形的整体变化。留结构界路法，是指在黑影绘法的基础上，留出界路线和纹样间的界线分割，以表现结构，分清主次。

4.反地处理面

反地处理面是指以花作地，地(底)作花的处理手法，与一般的处理手法不同，让人感觉更加新颖别致、另有情趣。这类技法一般用于缎地组织的品种图案，在缎地上空出完整的花(叶)形，在其周围嵌满密集的小花纹。空出的花形可以为主花，也可以是地纹。但花和底的面积对比应恰到好处，这是收到良好的艺术效果的前提。

（四）点、线、面的混合表现

点、线、面，都是纺织图案设计过程中不可缺少的元素，涉及点、线、面的表现技法各具特点，既有区别又密切联系。在具体的设计过程中，可突出追求某种技法的独特韵味与整体综合的旋律美，产生对比鲜明、层次丰富、具有多种形式风格的图案效果。但是我们还是要清楚一点：纺织品图案设计的技法表现是以面为基础，线和点为重点的综合表现形式。在技法综合应用中，要处理好它们的关系，切忌各成体系、杂乱无章及格格不入的拼凑。只有形成恰当的艺术形式同多种技法的交融组合时，才能充分发挥纺织品的材质作用和图案特色。

二、纺织品图案的特种表现技法

所谓特种技法，是指混合运用不同的工具和材料，使得画面产生特殊的肌理效果。特种表现技法的种类非常丰富，限于篇幅，这里我们仅就其中的两种进行简要介绍，感兴趣的读者可以借鉴参考相关文献、资料。

（一）拓印法

所谓拓印法，就是用有立体感或半立体感肌理的物体，蘸色后在光滑的纸上拓印，或在有凹凸肌理的纸上拓印各种纹理效果。如图 5-3-1 所示，便是用拓印法作出的图。此法是纺织品图案常用的技法之一，因为用这种方法获得的肌理效果质朴、粗犷、自然、生动，具有稚拙的原始美感，对于创作具有个性的图案十分有意义。

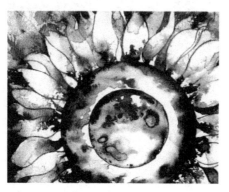

图 5-3-1　拓印法

（二）剪贴法

所谓剪贴法，就是利用不同肌理质感的现成材料或图片为原材料，按设计意图剪下所需要的形状，加以分解组合，而后将之拼贴在画面上。如图 5-3-2 所示，便是用各种颜色的色纸剪贴而成的作品。通过观察该图，我们能够发现，各不相同的材料肌理经变化多端的形态剪贴，可以获得无穷的偶然趣味，使画面达到某种富有联想的蒙太奇般的奇妙效果。

图 5-3-2　剪贴法

第六章 图案在现代纺织品设计中的应用

在上一章中，我们对纺织品图案的构成与表现技法做出了一番探讨，想必每位读者对这部分内容已经有了更加深入的认识。下面，我们主要围绕图案在现代纺织品设计中的应用进行具体阐述，内容包括纺织品织花图案设计，印花图案设计，室内装饰纺织品图案设计以及刺绣、扎染、蜡染图案设计。

第一节 纺织品织花图案设计

一、织物组织的分类

构成织物的经纬丝线浮沉交织的规律称为织物组织。经纬丝线交织之点称为组织点。经（纬）丝浮在纬（经）丝之上称作经（纬）浮点，也叫经（纬）组织点。织物组织种类十分丰富，可分为以下两大类。

（一）简单组织

1.原组织

原组织在一个组织循环内，每一根经（纬）丝只具一个经组织点，而其余的都是纬组织点。经（纬）组织点占多数，称为经（纬）面组织。它包括平纹、斜纹和缎纹三种组织形成。

（1）平纹组织。是由两根经丝和两根纬丝交织组成一个组织循环，表面光泽较暗且手感结实平挺，无正反面区别，强度高，紧度高。因起始点的不同可分为单起平纹和双起平纹（图6-1-1）。

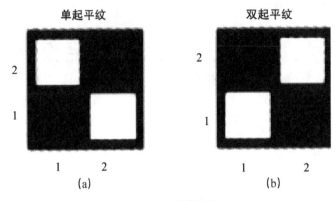

图6-1-1 平纹组织

（2）斜纹组织。其特点是经（或纬）组织点连续而成斜向的纹路，在织物表面呈现对角线状态。根据其特点可知，构成斜纹至少需要三根经丝与三根纬丝。因斜纹组织在一个循环内的经纬组织点数不同，故有正反面之分。表面有明显的纹路，光泽较亮，手感较软，强度较低，紧度也较低。以经（纬）组织点为主的称为经（纬）面斜纹，因有向左与向右倾斜方向的不同，故斜纹也有左、右之分（图6-1-2）。

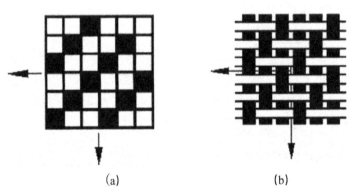

图6-1-2 斜纹组织

缎纹组织由于其经（纬）丝在织物中形成一些单独的经（纬）组织点且互不连续，并被其两旁的另一系统丝线的浮长所遮掩，织物表面只能看到一个系统的丝线，故织物表面光泽好、手感滑软，缎纹组织正反面区别很大。纬组织点占优势的缎纹称纬面缎纹，反之称经面缎纹（图6-1-3）。

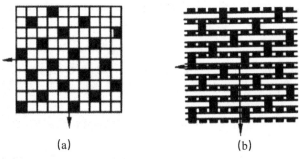

(a)　　　　　　　　　　(b)

图 6-1-3　缎纹组织

2.变化组织

在三原组织的基础上，改变浮长、循环等因素中的一个或几个而产生各种组织及变化组织。变化组织有小花纹效果，但还保留了原组织的一些基本特征。

如平纹变化组织中在平纹组织上沿经（纬）丝方向延长组织点而得到的组织称经（纬）重平组织；方平组织是以平纹组织为基础，沿着经纬两个方向同时延长其组织点，经、纬循环数相等。方平组织较平纹效果粗放。

在斜纹组织点旁沿经（纬）向增加组织点，则构成加强斜纹。加强斜纹的经纬循环数相等，织物表面经（纬）组织点占优势则称为经（纬）面加强斜纹（图 6-1-4），在织物表面经纬组织点相同则称为双面加强斜纹；复合斜纹是联合简单斜纹和加强斜纹或由加强斜纹而构成的斜纹组织。复合斜纹放在一个完全组织中具有两条或两条以上不同宽度的斜纹线，其经、纬循环数相等；以普通斜纹为基础改变其纹路

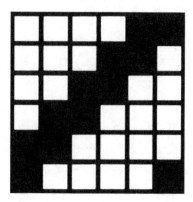

图 6-1-4　纬面加强斜纹组织图

方向而构成的与山形相似的斜纹称山形斜纹（图 6-1-5），纹理沿经（纬）丝方向的称经（纬）山形斜纹；斜纹变化组织还有破斜纹、急斜纹和缓斜纹、如锯齿斜纹、阴影斜纹、菱形斜纹、曲线斜纹等多种。

缎纹组织的单个组织点旁，沿纵向、横向或对角线方向增加一个或数个组织点形成加强缎纹组织；飞数（是织物组织的概念，有经向飞数和纬

向飞数之分）为一常数的缎纹称为"正则缎纹"；一个组织循环内，采用两种或两种以上的经（纬）向飞数的缎纹组织称"变则缎纹"，等等。

3.联合组织

联合组织是由两种或两种以上的原组织或变化组织，以各种不同的方式、方法联合而成。联合组织可以在织物表面呈现几何图案或小花纹效果。

如条格组织、绉组织（图 6-1-6）或呢地组织、透孔组织等。

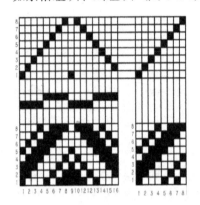

图 6-1-5　山形斜纹组织

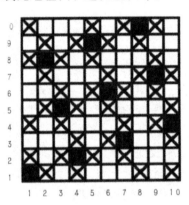

图 6-1-6　绉组织

（二）复杂组织

复杂组织包括重纬组织、重经组织、双层组织、多层组织等。以下主要围绕重组织与双层组织进行具体阐述。

1.重组织

重组织是指由两组或两组以上的经（纬）丝与一组纬（经）丝交织而成的经（纬）丝重叠的组织称经（纬）二重或经（纬）多重组织（图 6-1-7）。重组织的构成原理是表经（或表纬）丝、里经（或里纬）比与纬（或经）丝交织在组织点，在一个完全组织内必须有一个共同的组织点；表里经（或纬）在同等条件下，在一个完全组织内，表经（或表

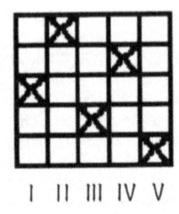

图 6-1-7　多重组织

纬）丝的浮长必须大于里经（或里纬）丝的浮长，这样才能使长浮线遮住短浮点。

2.双层组织

双层组织是由两组彼此独立的经丝系统和两组彼此独立的纬丝系统，分别交织成上下两层，并且按一定的方式将上下两层接结在一起。上层织物的经（纬）丝称表（纬）经，下层织物的经（纬）丝称里经（纬），如管状组织（图6-1-8）、表里接结组织等。

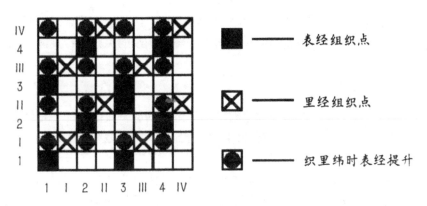

图 6-1-8　管状组织

二、品种组织对图案的要求

（一）中低档织物

一般情况下，中低档织物多为合成纤维织物，有天然纤维与化纤的交织，也有多种化纤的交织，其成本低于真丝织物。中低档织物的使用面较宽，除用于一般服装外，还可用于各种室内装饰纺织品，所以纹样的绘制应从不同需要和不同用途来考虑。一般题材范围较广，以中小花纹的大路货为主。色彩的配置是多种多样的，根据纺织品品种设计的要求可有单色、双色、三色、对比及调和等多种配置。

（二）高档织物

一般高档织物的品质取决于织物的原材料、加工工艺以及织物的整理手段。由于采用真丝、毛、麻等天然纤维，并经过较精细的原料加工及较复杂的织造工艺，所以一般高档织物的成本较高，具有较好的视觉效果与内在品质。与高档织物的品质相适应，图案的绘制也必须呈现出较高贵的气质，题材的选择一般应以经典图案和时尚图案等为主，此外也亦可选用抽象的几何形题材和民族传统图案。一般变化不宜过于繁杂，也不宜表现杂物器皿图案和卡通动物等儿童趣味的题材。色彩配置宜调和、高雅，最好不要采用强烈对比的配置法。

三、织物组织与图案花纹的关系

显而易见，纹样设计必须与织物的组织紧密配合。下面，我们对平纹、斜纹、缎纹这三种典型的织物组织与图案花纹的关系进行具体阐述。

（一）平纹

地组织起平纹，花组织起平纹，花地组织均起平纹的重经、重纬或双层织物，是花纹与平纹组织配合的三种情况。其中以地组织平纹的单层织物对花纹的各种技术处理要求最高，这类织物的花纹大多采用经花（缎纹），由于花、地组织的交织点数相差较大，使丝线张力不同，因此，花纹排列必须十分均匀，以免在织造过程中，由于花样布局不均匀而造成经向花纹累叠产生宽急经。比如，纬向花纹累叠，绸面会横向起弧形，形成波纹形的病疵。需要注意的是，花纹的大小与布局要适中，否则会使织物松软。此外，花纹不宜太细碎，花纹之间的距离不宜太小，至少要有三纬的间隔，否则会造成花纹边缘含糊不清。

花组织起平纹，地组织起缎纹或其他组织，一般平纹花少量应用，仅分布在次要部分做陪衬。如花软缎其主花为纬花，配以少量平纹花以达到多层次的效果。

地组织与花组织均起平纹的织物，因平纹的组织点最多，因此花纹可以表达得最充分、最细腻、层次最多。中国画中的渲染、撇丝、塌笔等表现技法，可以应用于绘制花纹的过程之中。

（二）斜纹

与平纹地的单层织物相比较而言，斜纹地的单层提花织物对花样的要求较低。其原因在于，斜纹组织的经纬密度较大，丝线浮长较长，在松紧程度上与花组织较接近，不易产生病疵。由此，花纹绘制比较自由。

（三）缎纹

缎纹分缎纹地和缎纹起花两种。缎纹起花的花纹以块面表现为主，不宜画横线条，因为横线条的缎花断续而不连贯，很难将细线条的流畅感凸显出来。相反，在缎地上起纬花，则不宜画过细的直线条。

通常情况下，缎纹地的单层提花织物采用正反缎表现形式。其原因在于，它的正反都是缎组织，花纹不会对经纬张力产生影响。所以，花纹可以自由绘画。

四、织花图案设计

织花图案具有色泽富丽、质地细腻、造型丰满、古色古香的艺术特点。

（一）织锦缎图案设计

织锦缎为纬三重纹织物，织锦缎主要作为衣料用绸。纹幅18cm，种类很多，按原料的不同分为真丝织锦缎、人造丝织锦缎、金银线为纬的金银织锦缎等。织锦缎，缎纹光亮，色彩典雅柔和（图6-1-9）。

图 6-1-9　织锦缎图案

织锦缎为纬三重组织，是丝绸织花中的多彩品种，有常抛和彩抛的区别。甲纬纹、地兼管，既起花又与经交织作地，乙、丙两纬专用来起花，地部为八枚经面缎纹。

常抛时，甲、乙、丙三纬始终不换色，为了保持地色的纯粹，通常甲梭选用与经丝相近的色彩，乙、丙可自由配色，一般都是选择比地色鲜明的配色。甲、乙两纬通常设为一深一浅两色，轮流与作为主花丙纬的包边，或相互包边，或一色包边，一色做底纹。除用三色纬花外，还可用甲、乙、丙三色平纹及三色四枚斜纹，应用平纹和斜纹时应非常谨慎，一定要条理清晰、主次分明。彩抛工艺中，甲、乙二纬始终不换色作常抛，丙纬可换色作彩抛，三五种色彩轮流更换，以使画面的色彩更加丰富。一般情况下，彩抛色是画面中最鲜艳的点缀色，用于需要强调突出的小局部。图案设计中每一种彩抛色必须严格控制于一个横条范围内，不可交叉使用，并且要用甲、乙纬将彩抛色隔开，以免产生色档。

普遍来讲，流行色不会影响到织锦缎的色彩。其原因在于，织锦缎的色彩以我国传统色彩习惯为主，具有朴素典雅、富丽华贵、文静大方的特点，常用黑白、大红、深棕、藏青、豆灰等色彩。

此外，织锦缎的题材也需要我们加以重视。从大体上来讲，它主要分为以下五大类。

（1）博古类。如琴棋书画、八宝、杂宝、乐器、古钱、瓷器、行云流水、百结等。

（2）动物类。以装饰性的表现手法为主，如团龙舞凤、游鱼飞蝶、麒麟瑞象等。

（3）植物类。水仙、牡丹、月季、唐草、葡萄、宋瓷明锦中富有装饰性的各种花卉纹样。其中尤以梅、兰、竹、菊最为常见。

（4）人物故事类。以流传广远的民间故事为主要内容，多半由人物、风景相结合，画面特点是古色古香，富有诗情画意。

（5）文字类。以福、寿、双喜等表达吉祥、喜庆寓意的汉字为装饰纹样，表达人们的美好向往和祝愿。以篆书字体的表现形式为好。

（二）古香缎图案设计

古香缎是我国传统的丝织品种，具有民族特色与富丽精美的特点，是有光人造丝纬交织的熟货提花织物，也是纬三重纹织物。

在织锦缎的三色纬中，乙、丙两梭只作纹纬用，甲纬纹、地兼管，而古香缎则除丙梭专起纬花外，甲、乙两纬都与地经交织成缎地，同时也起纬花。古香缎因纬密较稀松，不如织锦缎的缎地精致细密，地部甚至能隐约显现出甲、乙两纬的闪点，因而影响了缎纹地的纯度。

与织锦缎相比较而言，古香缎的缎地没有那么细腻，可多用纬花，并适当增加面与线的对比。通常采用泥点的竹云、流水等作地纹连接各部分纹样，其同时也起到适当掩盖地组织松散的作用，以满地花纹来弥补绸面的不足。排列布局可以散点形式处理，也可以是连缀性较强的整幅图案。图案安排应把主题部分放在主要部位，并施以"彩抛"进行强调。

按照题材，可将古香缎分为花卉古香缎和风景古香缎。前者的图案与织锦缎没有太大差异；后者的图案以装饰性较强的山水树木、亭台楼阁等为主要题材，并可适当点缀人物、鸟兽等（图6-1-10）。

图 6-1-10　古香缎图案

图 6-1-11　花软缎图案

（三）花软缎图案设计

花软缎是由真丝经与有光人造丝纬交织的生货提花织物，是纬二重纹织物，单位纹幅18cm。织后练染时，由于真丝和人造丝上染率不同，花与地得色率不同，所以色彩呈现不同的明度，得到花、地分明的色彩效果。其手感柔软、质地轻薄、缎面光亮（图6-1-11）。

花软缎以植物尤其是中型花卉为主要内容，故花纹造型宜粗壮，使花纹肥亮突出。由于地部为真丝缎纹，为了保留、展现较高级蚕丝缎地，纹样多以清、混地散点平接版的四方连续纹样为主。一般采用2～4个规则散点的排列法，或采用连缀形、混地小花自由排列法。因为是单色纹样，为避免较大块面的花纹在视觉上显得呆板，或浮丝太长，可用撇丝、泥点、冰纹破之，使得花纹粗中有细、具有较高的审美价值。

（四）丝织被面图案设计

在我国，丝织被面具有悠久的历史，种类繁多，如经纬均以有光人造丝生织的人造丝被面、真丝经与人造丝纬交织而成的交织被面、人造丝经与人造棉纬交织而成的线绨被面等。

从大体上来讲，被面图案的布局、题材、色彩都有鲜明的特点。

1.被面图案的布局

被面图案的常有布局主要有以下两种。

（1）独花式。这种形式的被面图案大致有以下两种排列形式。

①大和合式。是指被面中心区与边角区左右完全对称的排列形式（图 6-1-12）。

②大自由式。与大和合式有所不同。它的中心区分为对称与不对称两个部分，即不对称部分在中间，对称部分在中间范围之外，边花左右对称（图 6-1-13）。

图 6-1-12　　　　　　　　　图 6-1-13
独花式（大和合式）织花被面图案　　独花式（大自由式）织花被面图案

（2）散花式。这种布局往往以写实花鸟为主题的四方连续的中心花、二方连续的横、直边花及左右对称的装饰角花三部分组成。中心花与边花一般保留 1cm 的间距（图 6-1-14）。

在被面图案布局的过程中，设计者要使花型结构严谨、穿插自如，达到较好的整体效果。图案要求丰满、肥壮，上下左右呼应。中心花部分要求主题突出、形象完整，气势格局要大气。边花与中心花应相辅相成，配合密切、协调一体。

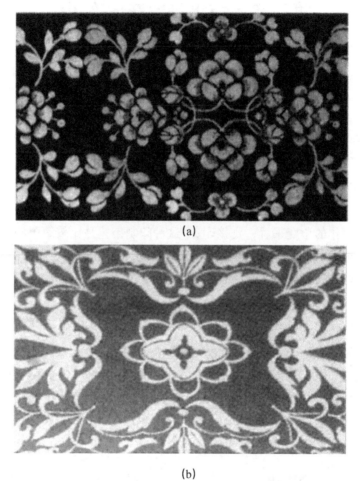

(a)

(b)

图 6-1-14　散花式织花被面图案

2.被面图案的题材与色彩

被面图案的常用题材有很多，比如牡丹、月季、菊花等花卉，常与蝴蝶、鸟类、鱼类等结合应用；龙飞凤舞、白头到老、花好月圆等吉祥如意的题材。

软缎、线绨被面均为一色纬花或经花，为了增强画面的层次感，可采用点泥地、画线条等方法。在这里，需要强调的一点是，古香缎被面用三色、织锦被面用二色表现纬花，画面可采用一定的技法变化以丰富层次。

第二节　纺织品印花图案设计

一、织物印花的类型

按照生产设备，可将织物印花分为平版式筛网印花、转移印花、滚筒式印花等；按照生产工艺，可将织物印花分为以下三大类。

（一）直接印花

从操作的角度来看，直接印花❶这种印制工艺是比较简单的。从产品色泽的角度来看，其产品色泽是比较鲜艳的。由此可见，这种印制工艺能使图案设计的艺术效果很好地发挥出来。

（二）拔染印花

拔染印花是用拔染剂印在已染有地色的织物上，以破坏织物上印花部分的地色，而获得各种图案的印花方法。所谓拔染剂，是指能使底色染料消色的化学品。用拔染剂印在底色织物上，获得白色花纹的拔染称为拔白；用拔染剂和能耐拔染剂的染料印在底色织物上，获得有色花纹的拔染称为色拔。地色匀净、花型细致、浓艳饱满，是这种印花产品的特点。

（三）防染印花

防染印花是先用防染剂（或染料）在织物上印花，然后再印或染其他色浆（或染料）的印花方法。印防染剂处染料不能上色，称为防白印花；在防染印花浆中加入不受防染剂影响的染料或颜料，印得的彩色花纹称为色防印花。立体感强、深地浅花的图案效果，是防染印花产品的特点。

---

❶ 所谓直接印花是指将含有糊料、染料（或颜料）、化学药物的色浆印在白色或浅色地的织物上，从而获得各种图案的印花方法。

二、印花图案的类型

图案设计的造型语言，是体现主题内容的形式表现。优秀的图案形式随着不同民族、不同文化的影响与时代的积淀，形成了各具纹样特征的图案风格。经过长期的分析与研究，将印花图案的类型主要归纳为以下八种。

(一) 单色图案

单色图案是指采用单一色彩与白色结合的图案，但有时是底色一套色，花型另一套色，这种两色图案在印染工艺上通称"单色图案"。这种类型图案的特点在于简洁明快、清新质朴。但由于其色彩单一，所以设计者要在构图技法、疏密关系上弥补这一缺陷。

(二) 几何图案

从大体上来讲，几何图案分为两大类，即规则图案（圆形、方形、三角形等）与不规则图案。造型简洁大方，色彩明快强烈，构图富有变化，是几何图案的主要特点。

(三) 花卉图案

在印花图案中，花卉图案是一种适应面很广的题材，主要分为两种表现特征，即写实花卉图案与写意花卉图案。写实花卉图案表现细微、造型生动、色彩和谐；写意花卉用笔豪放、造型夸张、线条流畅。随着印染工艺的发展，花卉图案的表现技法除惯用的勾线平涂、泥点撒丝外，还有蜡笔肌理、水彩肌理、摄影效果等。现代印染科技的发展与运用，为设计者带来了更加广阔的创作空间。

(四) 民族图案

民族图案来源于传统的流行图案，并受特定的文化和地域的限制，形成比其他类型图案更为复杂的内容与形式（图6-2-1）。动物、人物、风景等，均属于这种图案表现题材的范畴。不同地区有着不同的图案表现风格，有的地区写意，鲜明而强烈；有的地区写实，柔和而淡雅；有的地区质朴，粗犷而豪放。比如，我国传统的民族图案、印度图案、埃及图案等，都具有特别的地域装饰效果。

图 6-2-1　民族图案

（五）补丁图案

　　补丁图案起源于 18～19 世纪美国妇女缝制的绗缝制品。在现在的印花图案设计中，设计师吸收了这类图案的特点，采用其明显的镶拼效果而创作出具有独特视觉美感的作品。补丁图案常将不同题材、不同花形和不同时期、不同风格的图案拼接在一起，形成相互叠压、时空错位的平面视觉效果（图6-2-2）。补丁图案风格的室内软装饰具有浓厚的生活情调，主要用于床上用品、靠垫等。

图 6-2-2　补丁图案

（六）领带图案

精致、简洁无疑是领带图案的主要特征。它有规则与不规则之分，几何形、波斯纹与花卉纹等属于规则的范畴；花卉、风景、动物纹样等属于不规则的范畴。通常情况下，构图用规则的四方连续或二方连续排列，也有用跳按版构成（图6-2-3）。

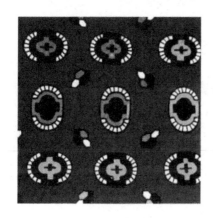

图6-2-3 领带图案

图6-2-4 佩兹利图案

（七）佩兹利图案

佩兹利图案起源于克什米尔。18世纪初苏格兰西部佩兹利小镇以工业化生产的优势，大量生产这种纹样的披肩、头巾、围脖并销往各地。从此人们习惯称之为佩兹利图案。佩兹利图案造型富丽典雅、活泼灵动，具有很强的图案适应性。这种图案常根据不同时代的流行而变化，深受各国人民的喜爱。此类图案用于时装和家用纺织品显得尊贵、高档，是一种长盛不衰的风格流派（图6-2-4）。

图6-2-5 新艺术运动图案

（八）新艺术运动图案

新艺术运动是 19 纪末 20 世纪初，由威廉·莫里斯发起于欧洲的一场艺术运动。新艺术运动图案的曲线十分流畅，摆脱了传统三维立体空间的束缚，使图案变得平展、富有装饰性，色彩柔和而亮丽，构图丰富而饱满。其图案以流畅的曲线为主，将自然主义的图案纹样以极富美感的表现技巧展现出来。这种风格至今倍受世人青睐（图 6-2-5）。

三、纺织品印花衣料图案设计

印花衣料图案设计是根据不同的需要，为服装面料提供各种花色的印花图案，包括印花匹料图案，以及为单件服装或系列服装设计的专用图案等。与其他装饰图案有所不同，除部分衣料件料图案之外，印花衣料图案的花型和单元纹样都比较小，通常在长度 33cm 和宽度不限的单元内布局图案。印花衣料图案的色彩尤为丰富，套色数量的限制较小。因此，为了满足整体配套的需求，提高纺织品的质量，在设计的过程中应考虑不同质地面料的特点，可以采取一花多色的形式。

（一）印花衣料图案的类型

经过长期的分析与研究，我们对常见的印花衣料图案类型做出了总结，主要归纳为以下四个方面。

1.写实类型图案

画面表现丰富、细腻、真实，是写实类型图案❶的主要特点（图 6-2-6）。要想很好地设计这一类型的图案，设计者需要在平时多收集素材，包括直接素材和间接素材，可以通过拍摄、写生、复印、打印、网络搜索等手段来获取。与此同时，设计者还要对技巧加以重视。比如，在拍摄玫瑰花时，尽量从不同的时间与角度获得它在不同时期的姿态。

2.几何类型图案

几何类型图案是由几何形基本元素点、线、面组合而成的图案。点、

---

❶ 写实类型图案是在科学、客观地观察和分析真实题材的基础上进行的，以客观对象作为设计依据，用较为逼真的方法来表现对象。

线、面都有规则和不规则之分，在大小、方圆、疏密、曲直、长短、粗细、宽窄、轻重和虚实等方面也存在许多变化。在这里，需要强调的一点是，在设计几何类型图案时，点、线、面的有机结合是最重要的，因为做到了这一点才能使服装更加大方、时尚（图 6-2-7）。

图 6-2-6　写实图案　　　　　　图 6-2-7　几何图案

3.肌理类型图案

肌理类型图案的灵感来源于自然界中自然产生的纹理，如石之纹、木之理、水之波、云之状等，将这些自然肌理运用在服装上能给人返璞归真、回归自然的感觉。与其他图案有所不同，肌理图案在制作上很难一次取得成功，而且每次制作的效果都不会完全相同，需要设计者有耐心，要进行反复尝试，直到效果满意为止。由此，不难看出，不可重复性、偶然性和独特性是肌理类型图案的主要特点（图 6-2-8）。

4.变形类型图案

图 6-2-8　肌理图案

变形类型图案是在认真研究真实对象的基础上，运用形式美法则和图案构成基本规律对其进行的变形处理。也就是说，它不受自然物的限制，而是抓住其基本特征，对自然物进行提炼、概括和再创造。夸张、简练，是这种类型图案的最大特点。要想设计好这种图案，需要设计者尽可能地掌握好图案设计的形式法则，即对称与均衡、条理与反复、对比与调和、动感与静感、节奏与韵律等（图 6-2-9）。

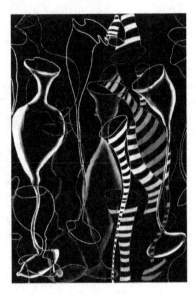

图 6-2-9　变形图案

（二）衣料配套图案设计

衣料配套图案设计是为了使服装最终具有整体配套的穿着效果，设计者有目的地设计出一系列在花型、色彩或风格等方面具有内在联系的服装面料图案。通过同一花型、同一色彩及其他相同艺术语言在服装上的反复出现，使人产生连贯、整体性的美感。

1.衣料图案配套的形式

所谓配套就是指两件或两件以上的衣料图案配套。实际上，很多人都在穿衣时有配套意识，而且在服装搭配好之后，还会考虑选择什么样的首饰、提包、鞋子、领带等与其搭配协调。衣料配套图案就是为满足人们的整体穿着心理而设计的。以下对衣料图案配套的形式做出了总结，主要归纳为以下三个方面。

（1）单人服装的配套。这是对单个人的上下、内外服装及其服饰配件进行的图案配套设计。一个人的审美、消费水平，可以通过这种配套形式提现出来。

（2）两人服装的配套。如情侣、姐妹、母子等关系亲密的两人有时会在穿着上体现出他们深厚的感情。如果在服装图案的花色上相互呼应、交叉组合，就能获得整体配套的视觉效果。

（3）系列服装的配套。这是指三人或三人以上服装在图案花色上的配套，如表演服、工作服和制服等。表演服的配套设计是舞台演出效果的需要，系列服装能够吸引观众的目光，使视觉冲击力得到很大程度的增强。工作服和制服等群体服装的配套，既能表现出集体的凝聚力，又能体现出每个成员的不同职位与级别。

2.衣料图案配套的方法

设计配套的衣料图案，应该从色彩、花型、肌理、风格等方面着手，通过巧妙运用某些共同的造型因素，使衣料图案达到配套的目的。

（1）色彩配套法。它是指图案的色彩相同或相近，在图案题材、风格、肌理等方面变化以求得统一配套的方法。

（2）花型配套法。它是指图案的花型相同或相似，在其色彩、表现手法和花型的大小、疏密、多少、虚实及排列布局上求得变化以达到配套的艺术效果。

（3）肌理配套法。它是指图案的肌理感觉一致，在色彩、花型等方面变化，取得协调配套的方法。

（4）风格配套法。它是指图案的花型、色彩和肌理等都不一样，但在图案风格上寻求一致性，也可以取得和谐配套的效果。

（5）综合配套法。它是指将以上四种方法进行灵活组合运用，如花型和风格配套，花型和色彩配套，色彩和肌理配套，或花型、色彩、风格、肌理配套等。相同的因素越多，配套的感觉越强，但要避免配套过于单调、呆板，要始终把握"统一中求变化、变化中求统一"的设计原则。

（三）衣料件料图案设计

与一般衣料图案相比较而言，衣料件料图案有着不同的接版与布局。经过长期的分析与研究，我们对它的构成形式做出了总结，主要归纳为以下两个方面。

1.单独型

单独型件料图案是在款式设计好之后而设计的衣料图案，通常在平面开片图内按装饰部位分别进行设计。衣领、袖口、胸部、背部、腰部、裤脚等，是常见的装饰部位（图6-2-10）。在这些部位加以适当的图案，既能够使服装的艺术美得到提高，又能够表现出装者的体态美。

图 6-2-10　单独型件料图案装饰部位

毫庸置疑，单独型图案装饰会成为整个服装的视觉中心。因此，设计者在设计图案时一定要特别注意其色彩与造型，以及它与衣料底色对比度的把握。这里面考虑的因素很多，比如说年龄因素，一般年龄越小的人，其服装上的图案与底色对比越大，反之年龄越大对比越小。此外，还要注意图案的题材与风格要与服装类型相符合，如在旗袍上装饰视幻图案显然不伦不类。单独型图案装饰也可以同时装饰几个部位，但不宜过多，否则难以取得统一效果。

2.连续型

经过长期的分析与研究，对连续型件料图案的形式做出了总结，主要归纳为以下两种。

（1）组合式。它是由四方连续与二方连续组合而成，如裙料图案、衬衣图案等。如图 6-2-11 所示，四方连续图案在 33cm× 门幅宽度内连续延伸；二方连续图案，也有人称为裙边，宽窄不限，左右连续的图案单元在 33cm 内安排。设计时要注意两种连续图案在题材、色彩或风格上要具有一定的关联性，才能使整幅件料图案整体协调。

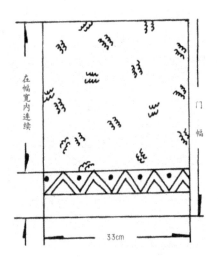

图 6-2-11　组合式连续型件料图案

（2）独幅式。如图 6-2-12 所示，在 33cm× 织物幅宽内布局图案，沿33cm 方向平接版。在服装上采用这种图案，会给人带来一种大方、气派的感觉。

图 6-2-12　独幅式连续型件料图案

第三节　室内装饰纺织品图案设计

室内装饰纺织品图案，是指用于室内装饰的纺织制品上的图形、纹样。其图案造型、色彩组合、材质肌理是设计室内装饰纺织品的关键要素。

室内装饰纺织品品类繁多，根据其功能一般可分为七大类，即床上用品类（包括床单、被套、枕套、靠垫等多件成套的品种）、墙饰类（包括墙布、壁挂及各种挂饰件）、挂帷类（包括窗帘、门帘及各种帘幔）、家具覆盖类（包括沙发套、椅套、台布、靠垫等）、铺地类（包括各种尺寸规格的铺地用毯）、餐橱类（包括各种抹布、手套、围兜等）以及盥洗类

（包括各种巾类、浴衣与洁具装饰套）。

在现代室内设计中，纺织品装饰的运用已涉及方方面面，其极具亲和力的形、材、质、色以及给予我们的柔软、舒适与温暖是任何材质都不能替代的；在室内环境中纺织品装饰能随心所欲地张挂、铺展、悬吊、折叠与覆盖，能营造出和谐的视觉美感。

一、室内装饰纺织品配套设计

（一）室内装饰纺织品配套设计的定义

室内装饰纺织品配套设计❶的定义有广义与狭义之分。从广义上讲，配套设计包含室内陈设的所有纺织品之间的统一关系；从狭义上讲，指室内某功能区域内各类纺织品之间的配套协调关系。

（二）室内装饰纺织品配套设计的特点

经过长期的分析与研究，对室内装饰纺织品配套设计的特点可归纳为以下四个方面。

1.功能性与舒适性

由于纺织品的运用，不同功能的室内空间产生了舒适与温馨的感觉。比如，窗帘不但能调节温度与光线，而且能隔音与遮挡视线；各种适意的靠垫可供人们坐、倚靠，还能活跃室内的色调。由此可见，功能性与舒适性是室内装饰纺织品配套设计的最大特点。

2.多样性

室内装饰纺织配套产品的形式与品种丰富多样，并且发挥着各自不同的作用。现代纺织品拥有丰富多彩的织物语言：轻柔润滑的丝织物、起伏凹凸的毛织物、透漏朦胧的纱织物，以及垂感厚重的绒织物、光泽富丽的金银织物。不同质地的织物与室内其他材质对比产生更丰富多样的肌理语言与视觉美感(图 6-3-1)。

---

❶ 室内装饰纺织品配套设计，是指在整体环境装饰基调的制约下，运用相应与之配套的艺术手段，使室内纺织装饰品在图案造型、色彩组合、材质肌理与款式搭配上形成某种特定风格的空间艺术表达形式。

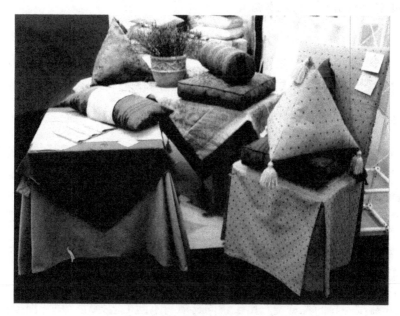

图 6-3-1　室内装饰纺织品配套的丰富性、多样性

3.统一性

纺织品虽然具有多样性，但并不与统一性相矛盾。设计者首先应按照人的视知觉顺序性，满足人生理和心理的习惯。其次需确立室内环境的装饰主题：选择相应的基本形与色调，运用对立统一的设计原则，通过基本形的变化、排列布局、色彩组合，造成动静、虚实不同层次的空间效应，从而达到和谐、统一的完美空间。

4.灵活性

创造具有流动感的、可变性的空间环境，是现代室内设计的趋势。室内纺织品往往在空间内或挂叠、或铺罩、或垫靠，表现出可控性与丰富的空间装饰效应。如屏风、帘幔可有效地分割空间；地毯可营造空间的领域感；壁挂在美化空间的同时起着导向空间的作用；纵条图案织物可使空间产生高耸感，横向图案织物则有拓宽感等。

（三）室内装饰纺织品配套设计的形式

纺织装饰品设计在室内的配套形式有很多，可将其概括为以下七个方面。

1.装饰风格统一的配套形式

这种形式是指根据不同装饰风格、装饰主题用纺织品的形、材、质、色进行全方位配套的装饰形式。时代、风格以及民族、地域所恒有的固定装饰模式，是室内纺织装饰品配套设计创作的源泉。

2.相同材料、相同图案的配套形式

相同材料、相同图案的配套形式，是指选择相同材料、相同图案的系列纺织品用于室内装饰的一种配套形式，在视觉、触感上呈现高度统一的配套效果。该配套形式往往采用不同面料、色彩、装饰、纺织品款式，以获得丰富的视觉效果。

3.不同材质、相似图案的配套形式

不同材质、相似图案的配套形式❶，主要显现织物间因肌理对比而形成色泽造型差异的视觉美。由于不同材质与不同工艺处理，在室内取得丰富的装饰效果的同时，容易产生凌乱的现象。可见，这类配套设计适用于相似或类似的图案造型，用类似或变化的色泽来达到协调统一的效果。

4.相同色彩、不同图案的配套形式

相同色彩、不同图案的配套形式❷，可以创造情趣盎然的装饰风格，但宜突出一组主要的纺织品的图案装饰对比因素，并且对比关系需是大与小、繁与简、实与虚的形式，只有这样才能取得调和的效果（图6-3-2）。

5.局部对应差异与总体视觉统一的配套形式

局部对应差异与总体视觉统一的配套形式❸中的对应差异，主要包括以下三个方面。

（1）织物装饰形式的差异。

---

❶ 不同材质、相似图案的配套形式，是指面料质感各异，色彩造型相似的纺织品用于室内的装饰。

❷ 相同色彩、不同图案的配套形式，是一种突出不同的图案造型，使其形成对比，用相同色彩使整体统一的室内纺织品配套设计形式。

❸ 局部对应差异与总体视觉统一的配套形式，是指室内纺织装饰品的两个对应方面的差异关系，运用配套形式达到视觉统一的装饰效果。

（2）色彩处理的差异。

（3）材质工艺的差异。

显然，只要有了恰当的差异对比关系，才能形成变化统一的配套效果（图 6-3-3）。

图 6-3-2

相同色彩、不同图案
的室内纺织品配套

图 6-3-3

局部对应差异与总体视觉
统一的室内纺织品配套

6.两组对应关系组合统一的配套形式

两组对应关系组合统一的配套形式，强调纺织品装饰组合的关联因素。其中包括材质肌理、装饰造型与色泽款式等诸多因素的对应统一关系。如窗帘与床罩、墙布与窗帘等，这些对应物关系的组合在色彩调和的作用下相得益彰、和谐统一（图 6-3-4）。

7.素织物在材料质感之间统一的室内纺织品配套形式

采用素织物的质感肌理，可以达到协调、统一的纺织品配套形式。通常情况下，它会利用素

图 6-3-4

两组对应关系组合统一的室内纺织品配套

织物之间的肌理对比、工艺对比以及织物间微妙变化的色彩关系，创造丰富的肌理美感（图6-3-5）。

图6-3-5

素织物在材料质感之间统一的室内纺织品配套

（四）室内装饰纺织品配套设计的原则

任何设计都需要遵守一定的原则，室内装饰纺织品配套设计也不例外。主要归纳为以下六个方面。

1.纺织品主色调与整体空间相协调原则

在整体设计中，主色调是色彩的主要倾向。在主色调统率下，各类纺织品的色彩在色相、明度、纯度上的变化、反复和呼应，形成强弱、起伏、层次、轻重等空间韵律，最终在空间混合中达到统一。

2.纺织品图案造型与装饰风格相协调原则

不同的装饰风格要有与之相应的装饰母题，在此基础上，再进行图案群化处理。只有做到这一点，才能形成一个主体纹样。当这种群化了的装饰图案在色彩与形式上反复出现时，便形成了协调、统一的装饰风格。

3.纺织品图案构成与空间装饰相协调原则

在确定了一个环境的装饰主题之后，纺织品图案设计即可在对形的渐大渐小、递增递减、渐强渐弱的不同排列上进行，从而产生各种韵律，达到和谐、统一的装饰效果（图6-3-6）。

4.纺织品图案造型与空间比例相协调原则

不同形态的空间，对纺织品图案造型的大小有着不同的要求。图案面积大且对比强的造型适宜表现较大空间中的主要形态，而相应配套中的小花型能丰富空间装饰中的层次与序列关系（图6-3-7）。

图6-3-6 图案构成与空间装饰相协调　　图6-3-7 图案造型与空间比例相协调

5.纺织品图案与依附物体相协调原则

纺织品图案装饰不同功能的织物时，图案的表现要虚实相生、疏密得体。不同质地的织物对其所依附的图案装饰，有着不同的要求。柔软的床罩图案适宜曲线、柔美的装饰风格，而平挺的墙布图案则适宜规则有序的装饰风格（图6-3-8）。

6.纺织品的材质搭配与空间相协调原则

除了以上五点以外，还有一点需要引起注意，即在室内装饰纺织品配套设计中，应遵循纺织品的材质搭配与空间相

图6-3-8 图案与依附物体相协调

协调原则。运用好纺织品之间的肌理对比，也是创造最佳装饰效果、形成丰富而统一的视觉美感的一大关键。比如，长毛绒地毯与古朴的文化砖墙相映成趣，触觉丰富的壁挂与光洁的装饰器皿交相映衬（图6-3-9）。

图6-3-9　纺织品材质搭配与空间相协调　　　图6-3-10　自然型

（五）室内装饰纺织品的造型风格

室内装饰纺织品的造型有很多风格，主要有以下五种。

1.自然型

大多数室内装饰纺织品都是自然型风格❶，即采用本色的木质材料、天然的棉、毛、丝、麻织物作为装饰。亲切质朴、大方得体、造型简洁，是自然型装饰风格的特点（图3-3-10）。

2.民族型

室内纺织装饰品的民族型风格❷，往往采用具有民族特色的某一象征符号、色泽、形态或材质肌理作为装饰，从而使特定民族装饰意味的氛围被营造出来。

3.儿童型

儿童型是一种表现儿童天真烂漫性格特点的装饰造型方法。室内家具

---

❶ 自然型风格，是一种崇尚闲适、具有轻松感的装饰造型方法。

❷ 民族型风格，是一种具有民族传统风情的装饰造型方法。

陈设呈低矮、圆润、柔和的造型；装饰窗帘、床上用品选择高纯度与粉色调组合的棉织面料，并配以可爱的卡通图案；毯上满地放置玩具坐垫等。在这里，需要特别指出的一点是，设计者在设计这种风格的室内装饰纺织品时，一定要将舒适、快乐、趣味性体现出来（图6-3-11）。

图 6-3-11　儿童型

4.古典型

精致、细微，是古典型装饰风格❶的主要特点。通常情况下，这种风格是以精细且具有流线型的家具，传统古典图案为装饰，以绳带、挂穗、流苏点缀于其间。由此可见，其风格高贵、华丽，其色彩艳丽、沉着。

5.现代型

体现都市生活的快节奏、重功能、少装饰，是现代型装饰风格❷的特点。这种风格往往采用流畅的线条与明朗的块面装饰组合，以使色彩语言的对比更加强烈。

二、室内装饰纺织品主要品种的图案设计

床上用品、窗帘等都是室内装饰纺织品的主要品种。下面，我们对这二者的图案设计进行具体阐述。

（一）床上用品的图案设计

床上用品有床单、被套与枕套的四件套常规配套，还有靠垫、抱枕、床套（也称床盖）、睡枕、被芯等五件套、六件套等多件配套。可见，需要设计者运用图案、色彩、款式等配套设计出各种床上用品，以满足不同个性的需求。床上用品在营造卧室氛围方面扮演着十分重要的角色，其原因在于它在卧室空间中占有很大比例。

---

❶古典型装饰风格，是一种推崇富丽堂皇装饰效果的造型方法。

❷现代型装饰风格，是一种追求强烈、明快、简洁的装饰造型方法。

1.床上用品的面料与工艺

由于与人的皮肤有直接接触，所以床上用品的面料通常为40～60英支纱的纯棉织物，具有轻柔、舒适、卫生的特点。床上用品的生产工艺，有印花、织花、提花加印花、绗缝、抽纱、刺绣等，不同的工艺形成各自特色的装饰风格。

2.床上用品的图案形式与题材

床上用品的图案与色彩的排列构成要有变化，应与窗帘相呼应。床单、被罩、枕套等，都属于床上用品的范畴。在设计的过程中，除了要呼应窗帘图案外，床上的各种用品图案还需有变化，要形成统一、对比的配套装饰。所以其图案形式往往分有A、B、C版的设计，以营造床饰多层次的空间美（图6-3-12）。

图 6-3-12　床上用品 A、B、C 版图案配套形式

（1）A版是床上用品图案设计的主版，表现为大面积铺盖的形式，图案排列通常有散点的四方连续、条状的几何或花卉、二方连续与四方连续的组合、格子与规则图案的组合、横条几何纹的二方连续、条状与横条的组合、斜方格与装饰花卉的组合以及各种抽象几何与独幅纹样的构成等。这就要求设计师根据卧室的装饰风格来对其进行设计。

（2）B版或C版，通常是被里、床单或枕套之类的装饰面料。其装饰纹样须与A版配套，两版之间要有图案的关联性，即某一装饰元素的呼应。B 版或 C 版的图案排列一般与 A 版形成紧密、稀疏或明暗的对比，使床品的图案装饰层次得到美的延伸。

床上用品的图案除了各式风格的花卉题材外，还可采用不同色格、色块的组合，这类图案能给人以清新明快、端庄大方的感觉；还可采用不规则的色线与色块的挥洒，这类图案能使人油然而生奇妙的联想；也可运用的传统装饰元素，设计出具有民族特性的视觉美感。

（二）窗帘的图案设计

窗帘属于挂帷类，分为薄、中、厚三大类型，可在室内形成较强的注目性。薄型窗帘具有透光、透气、耐晒等特点，一般作为外层窗帘；中型窗帘呈半透光状态，能透气又能隔断室外视线，一般作为中层窗帘；厚型窗帘质地厚重，垂感好，具有遮光、隔音、保暖等的功能，一般作为里层窗帘。

目前市场上的窗帘面料除传统的棉麻丝毛外，还有棉麻交织、棉与丝交织、棉麻与化纤交织，以及各种绒面织物。工艺上有印花、织花、提花加印花、烂绒、抽纱、刺绣等。窗帘织物的不同质地与工艺的多样性，为人们带来了美的享受。

内外窗帘的面料虽然厚薄有别，但由于相似的图案配套，显得灵活而又有变化。一般情况下，窗帘图案与床罩图案呼应，与墙布图案只求有相连因素。窗帘图案由于褶皱的变化而形成多变的视觉效果。这就要求设计者在设计窗帘图案时，应凸显其整体、有序、简洁的特点。在窗帘图案的排列形式中，纵向与横向的形式比较常见，纵向条形排列可使室内空间有升高感（图 6-3-13），横向条形排列可使室内空间有扩展感，上虚下实的排列有沉重、稳定的感觉，错落有致的散点排列有灵活感（图 6-3-14），动感线条的排列有洒脱、生动的感觉，严谨稳定的框架排列有秩序感。

图 6-3-13　窗帘图案的纵向排列　　图 6-3-14　窗帘图案的错落散点排列

窗帘图案有着丰富多样的题材，除应用几何图案和花卉图案外，还可采用其他图案，如动物、人物、风景等。规则的小花纹图案可增添室内温馨祥和的气氛，多变的几何形曲线能表现生动活泼的心理感受，奔放的大花形图案使室内洋溢着青春喜气的活力。

窗帘图案的色彩不仅要与室内其他织物协调，还需对主色调加以强调。深色调的窗帘图案色彩对比明快，层次清晰；浅色调的窗帘图案色彩呈现出高明度、低纯度的朦胧美；平淡派的窗帘图案色彩显现得极其单纯舒适。

第四节　刺绣、扎染、蜡染图案设计

一、刺绣图案设计

刺绣❶有手工刺绣与机器刺绣之分。在世界工业革命之前，全世界的刺绣产品都是通过手工制作来完成的。随着机械化的发展，出现了仿手工刺绣，并产生了规模效应，形成了真正的机器绣花。今天的刺绣主要是指机器绣花。但即便是最先进的电脑绣花仍不能代替手工绣花。刺绣作品就是一个典型的艺术作品，选用不同的绣线，不同的针法，在不同的材质上，能表现出不同的艺术效果。

刺绣是非常古老的艺术表现形式，现在被广泛应用于家用纺织品（以下简称"家纺"）之中，倍受人们青睐。

（一）刺绣图案的类型

在近几年的家纺市场上，绣花类家纺已成为主流，而刺绣图案是决定绣花美观程度的关键。对绣花图案的类型可以归纳为以下两大类。

---

❶ 刺绣是指刺绣工艺及经刺绣工艺加工的纺织品的统称，刺绣图案是应用于刺绣工艺的图案。刺绣工艺是一种用绣针穿引不同材质的线，在纺织产品上上下反复穿刺并留下丰富变化的线迹，产生装饰图案的工艺形式。

（1）具象图案。具象图案分为植物图案、动物图案、人物图案和风景图案四种。其中，植物图案应用得最为广泛，在绣花图案中占有显著地位，对传统、高雅风格很有表现力，是最能让消费者接受的绣花图案。动物绣花图案主要应用在儿童家用纺织品上，非常适合表现可爱和童趣。而人物图案和风景图案在家纺的绣花产品中应用较少。

（2）在绣花家纺中，抽象图案大致有三种类型，即几何图形、线条以及色块。这种图案在现代风格的家纺设计中具有比较广泛的应用。其原因在于，它能够体现出时尚与简约的特点，迎合年轻人的喜好。因此，中青年是这种图案家纺的主要消费群体。

（二）绣花图案的构成形式

1.点状构成

在家纺表现形式上，点状构成的绣花图案分为以下两类。

（1）在产品上有一个或几个面积较大的刺绣图案。

（2）在产品上出现许多小块面的刺绣图案。

醒目、活泼、集中，是这种绣花图案的主要特征。显然，这种刺绣图案就是家纺中的视觉中心，是人们视线的焦点。在这里，需要注意的一点是，毛巾类产品由于使用功能的需要，不适合大面积的绣花（图6-4-2）。

图6-4-2　点状构成的毛巾产品

2.线状构成

线状构成的刺绣图案在家纺表现形式上也有两种：一种是表现在主体的主要部分，另一种是表现在产品的边缘。这种图案的表现特征比较丰富。垂直与水平的线状刺绣图案有庄重、平静的特点，适合中老年消费群体；斜线状的刺绣图案表现的是运动、速度，适合青少年消费群体；曲线状的刺绣图案表现的是柔美、自由，适合广大女性消费者，因为她们往往会追求柔美，这种刺绣图案的家纺也是产量、销量最大的。

3.面状构成

面状构成的刺绣图案有局部铺满与铺满之分。局部铺满是指在家用纺织品的局部位置出现一大块刺绣图案，而铺满方式的刺绣图案又分为两种：均匀分布与不均匀分布。均匀分布指刺绣图案均匀地分布于整个家用纺织品上，往往采用连续纹样，根据市场上的绣花面料来搭配家纺的款式，几乎没有对刺绣图案的设计，所以这种图案没有太大的市场需求。不均匀分布强调的是绣花图案在铺满的同时，刺绣图案的排列、大小、疏密等出现变化，通过变化后的对比关系给人带来较好的视觉享受（图 6-4-3）。

图 6-4-3　面状构成的刺绣家纺

4.综合构成

从字面上就能看出，综合构成的刺绣图案一般应用两种以上构成形式，是点、线、面构成综合运用的一种形式。主次关系的处理，是用这种刺绣图案设计家纺时需要注意的内容。即以一种形式的刺绣图案为主体，以其他图案为辅，否则图案过于繁杂，无法给人带来视觉美感。

（三）刺绣图案的色彩处理

在刺绣图案的色彩处理过程中，设计者一定要注意四个方面的内容，具体如下所示。

1.适合主题、表现风格

对刺绣图案进行色彩处理，要考虑用何种色彩可以强调、突出家纺的风格特点，又不破坏家用纺织品原有的色调，因此在使用色彩时需有的放矢。比如用白色的面料来设计儿童家用纺织品，一般来说，在白色的面料上绣花可以选任何一种颜色来表达刺绣图案，但考虑到该家纺是儿童用品，要体现儿童的风格特点，所以应选用类似于红、黄、蓝等艳丽、对比明显的色彩。

2.与家纺面料配套

刺绣图案能美化家用纺织品、装饰家纺面料，家用纺织品的面料一旦确定，尤其是面料的色彩确定后，刺绣图案的色彩处理就必须以家纺面料的色彩为基调，在保持色调的前提下，确定刺绣图案的色彩倾向。

3.刺绣图案自身的色彩搭配

刺绣图案自身的色彩搭配也很丰富。一般来说刺绣图案本身根据绣花效果的需要由两三种颜色以上组成。同样造型的刺绣图案，应用不同的颜色对比，所体现的感觉也不同。黄色和紫色是对比色，令人感受到一种强烈的色彩冲突，在现代风格的个性化家用纺织品中出现较多；绿色和橙色是间色对比，是天然美的配色，体现自然的特征，经常应用在青春气息明显的家用纺织品中；橙色与黄色是邻近色对比，具有明显的统一色调，这无疑是它最大的特点，因而在简洁、高雅的家用纺织品中应用较为广泛。总之，刺绣图案用不同的色彩搭配能表现不同的特征。

4.刺绣图案的选材

用什么样的绣花线，绣在什么材质的面料上，会影响刺绣图案的效果表达。不同材质的面料在绣花时应选用不同品种的绣花线，要考虑面料的质地。常用的标准是：较硬较厚的面料用光洁、硬挺的绣花线；柔软的面料往往选择细柔的线进行绣花；轻、薄的丝绸面料往往采用珠绣、贴布绣。

二、扎染图案设计

（一）扎染的概念与制作材料

扎染是我国民间一种传统的印染工艺，至今已有将近两千年的历史。扎染是一种织物局部染色的方法，是先将织物折叠、捆扎或缝、绞、包、绑等处理后，再浸入色液中染色的工艺。由于织物在缝扎、捆绑中的松紧力度不同，在染色过程中染液渗透会不均匀，使织物产生深浅不一、神奇梦幻的晕色效果，呈现出色彩斑斓的图案纹理。扎染图案具有浑然天成的艺术效果和丰富而强烈的艺术感染力，倍受人们青睐。

扎染是一种简单易学的手工艺，经过精心设计完成的扎染制品是一种具有很高实用价值和欣赏价值的纺织品，在现代室内装饰中，以追求个性、抽象浪漫的风格而独具特色。扎染图案所具有的艺术个性与现代审美情趣相吻合，被制成窗帘、帷幔、床上用品、台布、靠垫和壁挂等应用于居室环境的装饰之中。

通常情况下，扎染所用的材料为针线、谷物种子，染料、木夹、竹片及各种辅助工具等。扎染工具包括染缸或染锅，加热用的煤气炉或电炉，天平、量器、温度仪、搅拌用具、熨斗、水池或大盆等。

（二）扎染图案的创意

扎染织物的用途，是决定图案设计创意的重要因素。扎染图案主要有两种构成形式，即单独构成的图案（如台布、靠垫、壁挂、床单等）与用作室内大面积装饰的图案（如窗帘、帷幔等）。这就要求设计者要根据产品的不同用途，选择不同的设计方法，从而达到最佳效果。

1.单独型扎染图案纹样的创意

单独型纹样具有完整的构图、独立成章的艺术形式和装饰功能。构成方式一般由中心纹样、边角纹样两部分组成，带有明显的外形骨架，花纹内外呼应，具有较强的整体感。扎制的手法要粗细结合，富有变化。色彩配置要色调明确、层次分明，形成饱满、丰富的艺术效果。

2.大面积的室内装饰织物的创意

这种形式的扎染图案要求花纹不要太复杂，色彩的配置需简练，一般采用夹扎或大型捆扎的方法比较适宜，使大面积的图案呈现统一和谐的整体关系（图6-4-4）。

图6-4-4 大面积的室内装饰织物的扎染图案

三、蜡染图案设计

蜡染是我国古代传统的印染方法之一，其基本原理是利用蜡质的防水、防染性能，以隔离水性颜料的浸入，使织物形成局部的染色效果。其方法是将融化的蜡液涂于布面，蜡液冷却后，用手进行揉、搓、折等处理，然后经过低温浸染工艺染色，再加温除去蜡质，织物便出现了美丽的"冰纹"效果。色彩斑斓、肌理变化丰富的图案，使蜡染产品具有浓郁的民间气息和淳厚朴素的艺术特色。

（一）蜡染的类型

按照生产方式与艺术属性，可将蜡染分为以下四种类型。

1.民间工艺品

民间工艺品主要是以西南少数民族地区为主的民间艺人和农村妇女自产、自绘、自用的蜡染制品。这种蜡染具有朴素的生活气息和浓郁的地方民族特色，保留着原生态图案的传统面貌，以世代沿袭的方式传承着民族文化（图6-4-5）。

图6-4-5 西南少数民族地区的蜡染制品

2.工艺美术品

工艺美术品主要是以小型工厂、作坊生产的面向旅游市场的蜡染产品。这类蜡染具有比较浓重的程式化气息，没有太高的艺术价值。明显的工艺制作性往往使作品产生呆板、单调、生硬的感觉，缺乏生活气息和淳朴精神，属于价格较低的工艺美术品。

3.蜡染画

蜡染画是以艺术家为中心制作的。这些作品出自一些艺术研究机构、艺术院校教师或工作室，具有不可复制性与极高的艺术价值。因此，没有实用功能，仅供观赏，收藏价值很高（图6-4-6）。

4.仿蜡染产品

仿蜡染产品是现代企业生产的纯实用性的模仿蜡染艺术风格的纺织品。从大体上来讲，这种蜡染有以下两种生产方式。

（1）沿用传统蜡染的原理，用机械代替手工操作，即印蜡、画蜡、折蜡都用机械设备来完成。染色方法也采用自动化的轧染方法代替了传统的浸染，机织布代替了手工土布，防染剂由松香脂代替蜂蜡和白蜡，染料则以合成靛蓝、冰染料、士林染料为主的蜡染生产方式。

（2）用机械印花工艺模仿蜡染风格生产的机印花布，工业化生产的蜡染产品只能是一种艺术品的仿制，而绝不是蜡染艺术品。用机械化的方式可以大批量、高效率、低成本地生产家用纺织品，形成覆盖市场的优势而满足消费需求，仿蜡染产品属于工业产品或实用消费商品。

实际上，家居环境会随着蜡染织物装饰的使用而变得朴素大方、清新悦目。现代蜡染以多种技术、多种形式相结合，产生更加强烈的感染力，风格各异的蜡染产品以各自的特色相互争奇斗艳，使现代蜡染风格形成多元化的艺术格局（图6-4-7）。

图6-4-6　蜡染画

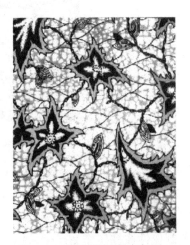

图6-4-7　仿蜡染家用纺织品

（二）蜡染图案的创意

"冰纹"是蜡染的灵魂。无论何种类型的蜡染图案设计，都是围绕这一灵魂而展开的。图案的创意是运用材料和技法，实现作者的创作意图。好的蜡染作品来自良好的构思和技法运用的结合之中，技法本身无好坏优劣的区分，只要能够充分表达艺术构思、体现自身的艺术风格，一切手段都是好的技法。

在蜡染家用纺织品中，有真蜡染和仿蜡染两种生产方式，真蜡染的材料是采用天然的蜡质，采用传统手工蜡染或机械涂蜡染色方式生产。手工蜡染自由灵活，图案多为单独型和适合型的形式，常以均齐对称或均衡的单独纹样的设计方法，运用图案造型中点、线、面相结合的美学原理，塑造形象和构成纹样。手工蜡染图案题材多样，技法表现要粗细结合、主次分明，追求图案对比统一的整体效果，适合做壁挂、台布、靠垫、腰枕等室内装饰物品。

机械蜡染有真蜡染和仿蜡染两种生产方式，图案设计要突出蜡染的冰纹艺术特色，并适应印花生产工艺的要求，使图案形成四方连续纹样。单元图案需要接版准确，需要注意的是，色彩套数不宜太多。

机械蜡染的肌理模仿有两种方法，一种是将食用蜡纸进行揉、搓、捏等处理后，使其表面出现皱裂，当主题花样完成后将蜡纸覆于画面之上，将所需的色彩刷于蜡纸上，蜡纸下的画面便会渗漏出自然理想的冰纹了。另一种方式是利用电脑技术仿制蜡痕，可以用数码相机获取蜡染的原始形态，运用电脑的绘图功能进行复制、粘贴、移动、拼接，使单独形态的纹样，变成四方连续纹样。这种蜡染适用于服装、窗帘及床上用品的制作。

参考文献

[1] 周宇. 传统型染图案的创新性研究[D]. 北京：北京服装学院，2015.

[2] 赵玉. 基于原色纤维混配色织物的呈色规律研究 [D]. 上海：东华大学，2015.

[3] 严蔷薇，黄宇娇等. 浅析色彩心理学在纺织品设计中的应用[J]. 大众科技，2015（08）：2.

[4] 高山，袁金龙. 扎染艺术在纺织品设计中的创新与发展[J]. 丝绸，2016（01）：3-4.

[5] 黄国光. 纺织品色彩设计的心理效应[J]. 丝网印刷，2011（09）：2-4.

[6] 周慧. 纺织品图案设计与应用[M].北京：化学工业出版社，2016.

[7] 罗索. 纺织品印花图案设计[M].程悦杰，等译. 北京：中国纺织出版社，2015.

[8] 孙建国. 纺织品图案设计赏析[M].北京：化学工业出版社，2013.

[9] 刘元风. 纺织品设计与工艺基础[M].北京：中国纺织出版社，2012.

[10] 周蓉，聂建斌. 纺织品设计[M].上海：东华大学出版社，2011.

[11] 张浩达. 视觉元素的动态组合[M].天津：天津人民美术出版社，2008.

[12] 徐百佳. 纺织品图案设计[M].北京：中国纺织出版社，2009.

[13] 黄国松. 染织图案设计[M].上海：上海人民美术出版社，2005.

[14] 梁昭华. 基础图案[M].长沙：湖南美术出版社，2005.

[15] 陈立. 刺绣艺术设计教程[M].北京：清华大学出版社，2005.

[16] 段建华. 民间染织[M].北京：中国轻工业出版社，2005.

[17] 柴万里. 图案设计[M].南宁：广西美术出版社，2005.

[18] 潘文治. 印花设计[M].武汉：湖北美术出版社，2006.

[19] 史启新. 装饰图案[M].合肥：安徽美术出版社，2003.

[20] 詹文瑶. 装饰与图形[M].重庆：重庆出版社，2003.

[21] 李萧锟. 色彩学讲座[M].桂林：广西师范大学出版社，2003.

[22] 龚建培. 现代家用纺织品的设计与开发[M].北京：中国纺织出版社，2004.

[23] 王锦芳，黄淑珍等. 纺织材料学[M].北京：中国纺织出版社，2004.

[24] 谢光银. 装饰织物设计与生产[M].北京：化学工业出版社，2004.

[25] 王进美，田伟. 健康纺织品开发与应用[M].北京：中国纺织出版社，2005.

[26] 崔唯. 现代室内纺织品艺术设计[M].北京：中国纺织出版社，2004.

[27] 沈干. 彩色经纬——条格织物设计[M].北京：化学工业出版社，2006.

[28] 翁越飞. 提花织物的设计与工艺[M].北京：中国纺织出版社，2003.

[29] 姜怀. 纺织材料学[M].上海：东华大学出版社，2009.

[30] 蒋淑媛. 家用纺织品设计与市场开发[M].北京：中国纺织出版社，2007.

[31] 蔡陛霞，荆妙蕾，等. 织物结构设计与设计[M].北京：中国纺织出版社，2008.